AI时代程序员开发之道

ChatGPT让程序员插上翅膀

关东升◎著

CHATGPT CHATGPT

内 容 简 介

本书是一本介绍如何使用ChatGPT的实用手册，它独创性地建立了一个新的程序员开发模式。本书从介绍“ChatGPT第一次接触”开始，深入分析如何使用该工具来提高开发效率和质量。本书的每一章都涵盖了ChatGPT的不同应用场景，从编写各种文档，到辅助进行需求分析和系统设计，以及数据库设计和开发高质量代码等，均有详尽的讲解。读者将从中了解到，如何利用ChatGPT这一AI工具来辅助程序员更加高效地开发软件。

本书还特别介绍了如何使用ChatGPT辅助进行系统测试以及任务管理，并对源代码底层逻辑进行了深入分析。这个全面的框架将帮助读者在软件开发过程中更好地管理和优化代码。

最后，本书以两个实战案例作为结尾：第一个是使用ChatGPT辅助开发PetStore宠物商店项目，第二个是使用ChatGPT辅助开发“我的备忘录”App。这两个实战案例将会帮助读者更好领悟如何将ChatGPT引入具体的软件开发中。

总之，如果读者是一位热爱软件开发的程序员，如果读者想要拥有新一代智能化的编程方式，这本书将是必不可少的参考书。

图书在版编目(CIP)数据

AI时代程序员开发之道：ChatGPT让程序员插上翅膀/关东升著. — 北京：北京大学出版社，2023.8
ISBN 978-7-301-34253-4

Ⅰ. ①A… Ⅱ. ①关… Ⅲ. ①人工智能 Ⅳ. ①TP18

中国国家版本馆CIP数据核字（2023）第137949号

书　　名　AI时代程序员开发之道：ChatGPT让程序员插上翅膀
AI SHIDAI CHENGXUYUAN KAIFA ZHIDAO：ChatGPT RANG CHENGXUYUAN CHASHANG CHIBANG
著作责任者　关东升　著
责 任 编 辑　王继伟　吴秀川
标 准 书 号　ISBN 978-7-301-34253-4
出 版 发 行　北京大学出版社
地　　址　北京市海淀区成府路205 号　100871
网　　址　http://www.pup.cn　　新浪微博：@ 北京大学出版社
电 子 信 箱　编辑部 pup7@pup.cn　总编室 zpup@pup.cn
电　　话　邮购部 010-62752015　发行部 010-62750672　编辑部 010-62570390
印 刷 者　北京飞达印刷有限责任公司
经 销 者　新华书店
787毫米×1092毫米　16开本　17.25印张　415千字
2023年8月第1版　2023年8月第1次印刷
印　　数　1-4000册
定　　价　79.00元

未经许可，不得以任何方式复制或抄袭本书之部分或全部内容。

版权所有，侵权必究

举报电话：010-62752024　电子信箱：fd@pup.pku.edu.cn

图书如有印装质量问题，请与出版部联系，电话：010-62756370

前言 ▶ 让我们的开发“插上翅膀”

每一个软件工程师都知道，软件开发是一个漫长而富有挑战性的过程。需要面对的问题非常复杂，如需求分析、架构设计、代码实现、测试等。这些任务有时候既烦琐又复杂，对于我们的工作效率和心态来说都是很大的挑战。

但是，随着科技的发展，人工智能工具正在越来越多地渗透到我们的生活和工作中。这些工具不但帮助我们节省时间和精力，而且在某些方面甚至能够替代我们的工作。作为软件工程师，我们是非常幸运的，因为我们可以利用一种名为ChatGPT的AI工具来加速开发过程。

ChatGPT这个工具“多才多艺”，它可以为我们自动生成流畅的自然语言，辅助我们在文档编写、需求分析和系统设计等方面更加高效准确地工作。它甚至可以基于我们的思路自动生成初步的代码框架，这在软件开发中无疑是一个突破性的进展。当我们意识到使用ChatGPT这种AI工具会使工作效率大大提高时，感受到的不仅是兴奋，还有愉悦感，因为它会让我们从烦琐的工作中解脱出来，有更多的时间关注创新和优化工作的细节。

本书是一本非常有用的指南，它将向我们展示如何利用ChatGPT这个AI工具，提高工作效率和实现开发目标。在本书的阐述下，我们将学习如何正确地应用这个工具，了解它的系统特点，并通过实战案例来更加深入地理解如何运用ChatGPT，使我们的开发更加高效。

在软件开发中，我们需要面对无穷无尽的问题和挑战，这也是人类竞争的本质。作为软件工程师，我们必须始终寻找新的工具和技术，以更好地处理事情。ChatGPT这个AI工具的出现，不仅是我们的机遇，也是我们不断前进的动力源泉。越来越多的软件工程师正在掌握这一新技术，在新领域中迎接挑战，并证明我们可以不断地创新和发展。

这本书不仅适合程序员和开发团队，也适合产品经理、项目经理、技术经理及其他IT行业人员。不论您是什么职位，都可以从本书中获得很多有价值的知识和工具来提高自己的工作效率。

让我们一起努力，让开发"插上翅膀"，超越自我，不断进步，为科技进步发挥积极的作用。

本书附赠全书案例源代码及相关教学视频等资源，读者可扫描下方左侧二维码关注"博雅读书社"微信公众号，输入本书77页的资源下载码，即可获得本书的下载学习资源。

本书提供答疑服务，可扫描维下方右侧二维码留言"AI程序员"，即可进入学习交流群。

关东升

目录

CONTENTS

第1章 ChatGPT第一次接触

第2章 如何使用ChatGPT编写各种文档

第3章 如何使用ChatGPT辅助进行需求分析

第 4 章 如何使用 ChatGPT 辅助进行系统设计

第 5 章 如何使用 ChatGPT 辅助进行数据库设计

第6章 如何使用ChatGPT编写高质量的程序代码

第7章 如何使用ChatGPT辅助进行系统测试

第8章 如何使用ChatGPT辅助进行任务管理

第9章 如何使用ChatGPT分析源代码底层逻辑

第10章 实战案例1：使用ChatGPT辅助开发PetStore宠物商店项目

第11章 实战案例2：使用ChatGPT辅助开发“我的备忘录”App

ChatGPT 第一次接触

在介绍ChatGPT之前，我们应该先了解ChatGPT的前世今生。

1.1 介绍ChatGPT

ChatGPT系统名称中"GPT"代表"Generative Pre-trained Transformer"，这是一种利用Transformer[①]结构进行预训练的语言生成模型。ChatGPT的核心能力来源于OpenAI公司研发的GPT-2 语言模型，这是一个包含超过 10 亿个参数的大规模神经网络，专为生成文本内容而设计。

GPT模型可以预测语句或文本中最有可能出现的下一个词或词组，并基于此不断生成新的句子和段落。ChatGPT将GPT模型应用于人机对话领域，采用检索式方法从大规模对话数据集中选择最相关的上下文，并由GPT模型基于此生成最自然的回应。这种人工智能驱动的生成方式，使得ChatGPT可以与人进行广泛而流畅的对话，产生连贯、相关的回复。

然而，ChatGPT只是一个软件程序，它无法真正思考或感知。ChatGPT产生的任何回复，都只是根据数据进行的预测，并不意味着它理解话题或拥有某种信念。所以，与ChatGPT交谈时需要理性判断其回复，而不能当作真人对待。ChatGPT代表人工智能在自然语言处理领域取得的进展，但距离人工通用智能还有相当长的路要走。

1.2 注册ChatGPT

要使用ChatGPT，首先需要在OpenAI官网上进行注册。图 1-1 所示是OpenAI官网页面，读者需要找到"Try ChatGPT"链接，单击该链接，则打开如图 1-2 所示的注册和登录页面。

图 1-1　OpenAI官网

① Transformer是一种深度学习模型结构，适用于自然语言处理任务，特别是机器翻译任务。Transformer由Google在 2017 年提出，其设计理念是通过注意力机制（Attention Mechanism）来处理序列数据。相对于传统的递归神经网络（Recursive Neural Network，RNN），Transformer使用了并行计算的方式，使得模型的训练速度更快，而且具有更好的可扩展性。

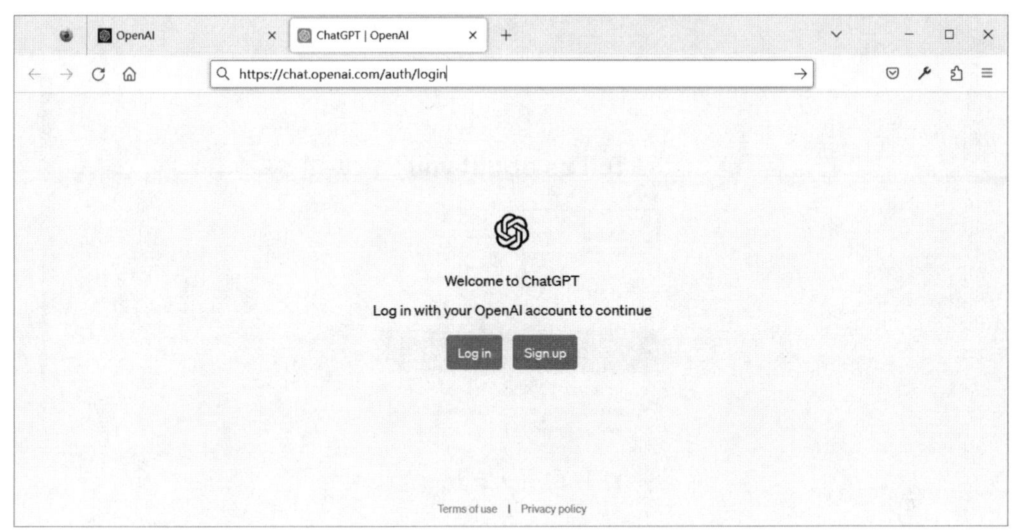

图 1-2　注册和登录页面

在图 1-2 所示的页面单击“Sign up”按钮，进入如图 1-3 所示的输入邮箱页面，在此页面读者需要输入一个有效的邮箱，输入邮箱后单击“Continue”按钮，读者会收到一个验证邮件，然后进行验证即可。

如果读者已经有微软账号或谷歌账号，建议使用微软账号或谷歌账号登录即可。

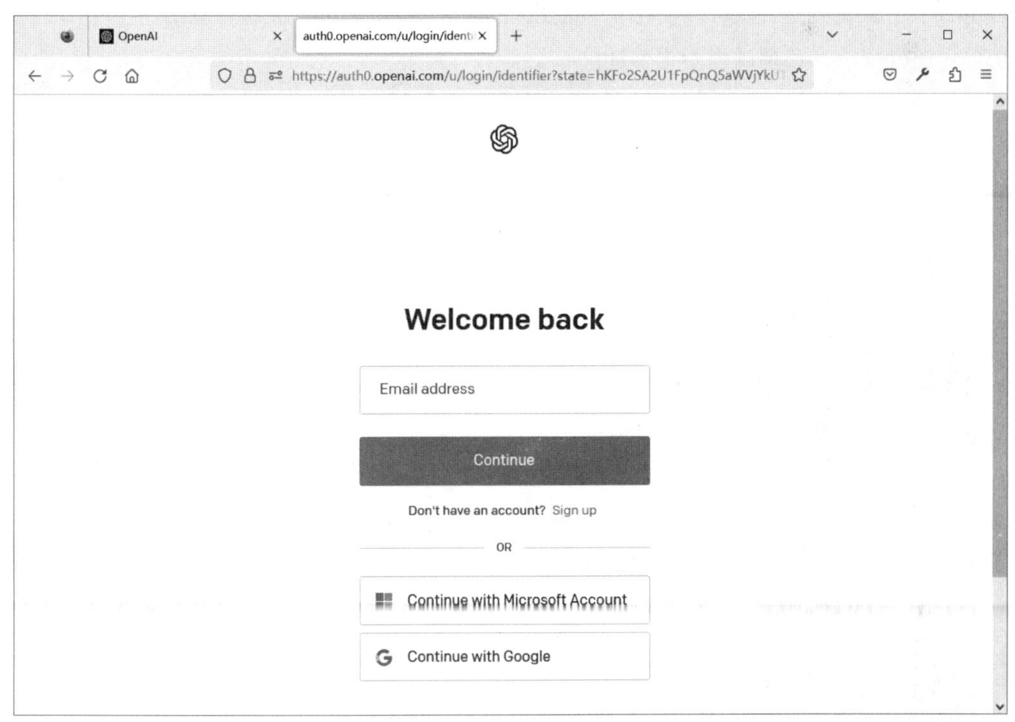

图 1-3　输入邮箱页面

邮箱验证通过之后，还需要输入用户的一些更加详细的信息，如图 1-4 所示。

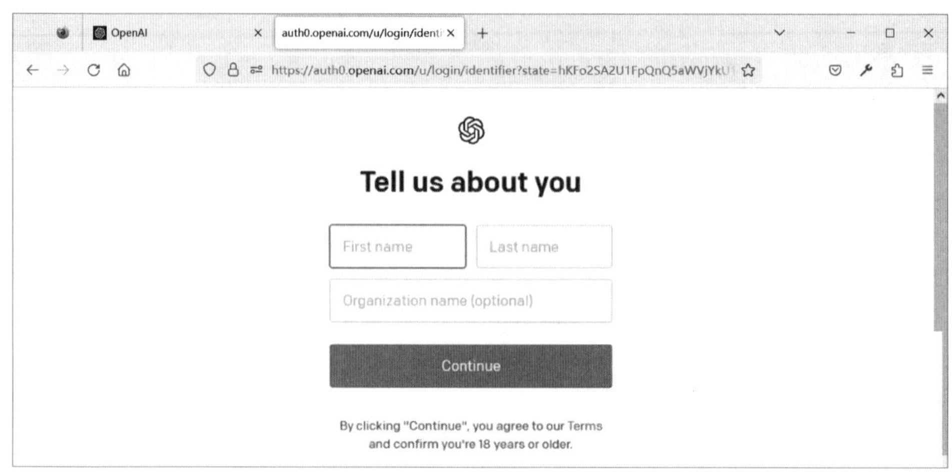

图 1-4　输入详细信息

在图 1-4 所示的页面输入完成之后，单击“Continue”按钮继续，进入电话验证，验证通过之后则注册成功。

1.3 使用ChatGPT

ChatGPT注册成功之后就可以使用了，使用ChatGPT需要登录，读者可以参考上一节的步骤打开登录页面进行登录，登录过程不再赘述。

登录成功后，进入如图 1-5 所示的ChatGPT操作页面。

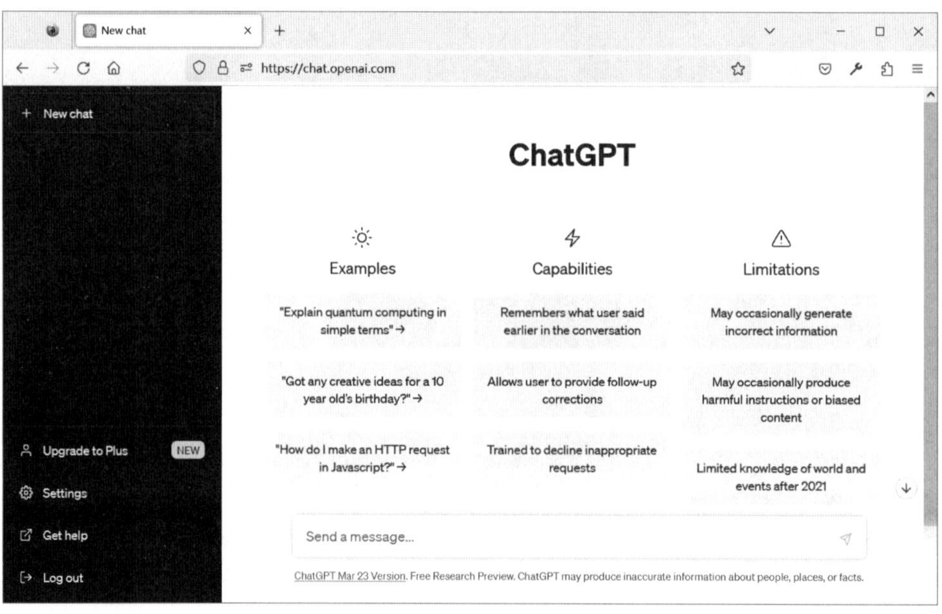

图 1-5　ChatGPT操作页面

在“Send a message...”输入框中输入要提出的问题，然后单击后面的 按钮发送消息，等待ChatGPT返回结果即可。

图 1-6 所示是发送一个测试消息“您好”的结果。

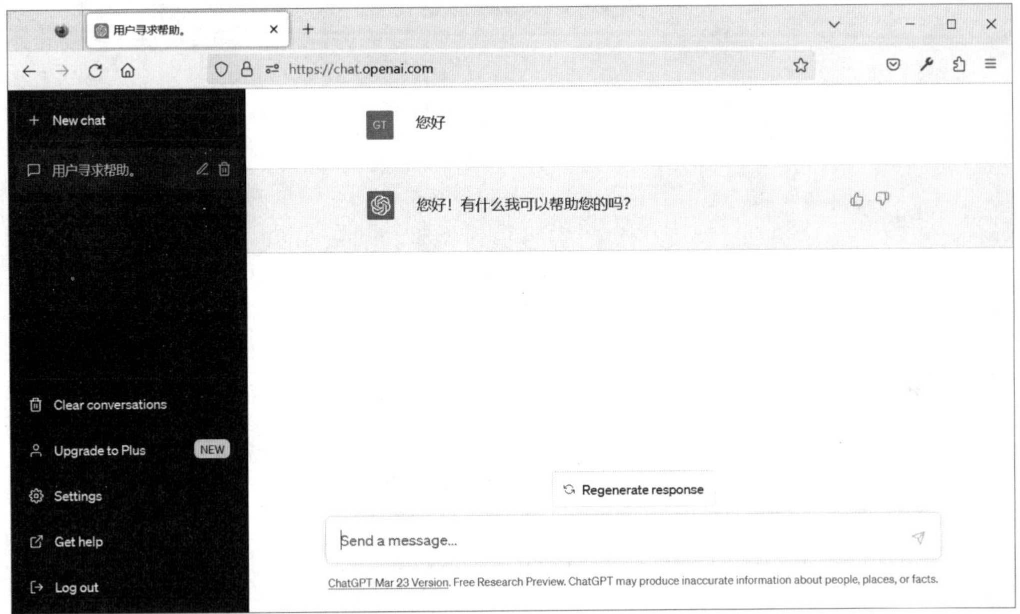

图 1-6　测试消息

1.4 本章总结

在本章中，我们介绍了ChatGPT这个软件程序，并向大家演示了如何注册和使用ChatGPT。

如何使用 ChatGPT 编写各种文档

ChatGPT可以为软件开发人员编写技术文档提供很大帮助。作为一种强大的自然语言处理技术，ChatGPT可以生成高质量、自然流畅的文本内容，能够有效地协助软件开发人员完成各种文档的编写工作。

例如，ChatGPT可以用于编写需求文档、设计文档、测试文档等。在编写需求文档时，ChatGPT 可以分析用户需求并生成清晰明确的文本描述；在编写设计文档时，ChatGPT 可以生成系统架构、模块设计、接口说明等详细描述；在编写测试文档时，ChatGPT 可以生成测试计划、测试用例、测试报告等内容。

此外，ChatGPT 还可以通过自然语言理解技术识别文档中的关键信息，并将其转换为结构化数据，使其更便于进行管理和使用。例如，ChatGPT 可以自动生成程序代码注释、API 文档等，使开发人员可以更加高效地阅读和理解代码。

总之，ChatGPT 是一个非常有用的工具，可用于协助软件开发人员编写各种技术文档，节省时间和精力，提高文档质量和效率。

2.1 辅助编写技术文档模板

程序员需要编写的技术文档有多种形式，包括Word、Excel、PDF及一些在线形式。我们可以借助ChatGPT生成文本，然而，它不能直接生成Word、Excel、PDF等格式的文档。因此，我们需要利用其他工具来帮助我们生成一些模板，并且可以在工作中使用这些模板，由程序员采用半自动的方式来编写技术文档，从而大大提高工作效率。

2.1.1 设计文档模板

使用Office工具设计文档模板的具体实施步骤如下。

（1）确定文档类型：选择Word文档、Excel表格或PowerPoint幻灯片等，根据技术文档的规范和内容需求进行选择。

（2）设定页面大小与边距：根据公司的文档标准或个人习惯设置页面大小、边距等页面布局。

（3）设定标题样式：系统地为不同级别的标题设定字体、字号、加粗等格式，建立标题样式库。

（4）设置目录与书签：利用Word的目录与书签功能，设定文档的目录结构，为各章节和标题生成超链接，方便查阅。

（5）制作封面与页眉：添加封面、页眉和页脚，实现文档的标准化；页眉和页脚也常包括文件名、创建日期等信息。

（6）插入表格与图表：根据文档的要求，在相应位置插入表格、图片、图表、公式等，并提供说明与注释。

（7）添加占位符：在需要ChatGPT提供内容的位置，插入文字占位符或内容提示，引导ChatGPT需要生成的具体内容。

（8）另存为文档模板：将设计完成的文档保存为模板文件，日后在编写新文档时直接从模板开始，提高效率。

（9）反复检验与优化：在编写初稿过程中，检验文档模板的适用性，根据需求对标题、布局、样式等进行优化，不断改进。

通过上述实施步骤，我们可以设计出一套切实可用的技术文档模板。该模板的精细程度直接影响到ChatGPT的内容生成效果及人工整合的难易度。理想情况下，人工只需要对ChatGPT生成的文本进行轻微调整，便可直接嵌入模板，它能大大减少工作量。

2.1.2 案例1：生成MF京东商城软件需求说明书模板

下面我们以MF京东商城软件需求说明书为例，介绍从编写模板到借助ChatGPT使用模板的过程。

首先，根据公司的要求，编写一个设计软件需求说明书模板。比较推荐的方法是先由ChatGPT生成一个初步的模板草稿，然后根据公司的具体要求进行反复修改，最终得到符合需求的模板。接着，我们再对模板文件格式进行进一步修改。

动手示例

首先，我们向ChatGPT发送如下请求消息。

请帮我生成软件需求说明书模板。

ChatGPT的回答如下。

以下是一个示例草稿模板：

软件需求说明书

版本号：1.0

日期：2023年4月17日

1. 引言

1.1 项目概述

（在这里描述项目的名称、范围和主要目标。）

1.2 读者对象

（在这里列出预期的读者群体和他们的特点和需求。）

1.3 参考资料

（在这里列出编写SRS[①]时需要参考的其他文档和资料。）

2. 总体描述

① SRS是软件需求规格说明（Software Requirements Specification）的缩写。

2.1　产品功能

（在这里列出产品要实现的主要功能清单及其优先级，关键字包括功能ID、名称、描述、优先级。）

2.2　用户特征

（在这里描述用户的基本特征，包括人口统计学信息等。）

2.3　约束条件和假设

（在这里列出对于开发、测试、部署和维护产品的各种约束条件和假设。）

3. 详细需求描述

3.1　功能需求

（在这里逐个详细描述每个功能的具体需求和规格，包括输入、输出、处理和操作等方面。）

3.2　非功能需求

（在这里描述性能、安全、可靠性、兼容性、易用性和可维护性等非功能需求和指标。）

4. 其他需求

（在这里描述与本SRS有关的其他需求，例如培训、文档和支持等方面。）

附录A　术语表

（在这里列出SRS中使用到的关键术语及其定义。）

附录B　参考文献

（在这里列出SRS编写过程中引用的其他文献和资料。）

以上是一个简单的草稿模板，读者可以根据具体要求进行修改和完善。

从草稿模板可见，还需要进行格式优化并根据公司的实际情况来调整相关内容。下面是根据笔者的实际情况修改后的一个模板。

((xx))软件需求说明书

1. 引言

1.1　产品概述

((描述产品的名称、功能定位和主要特点))。

1.2　目标用户

((描述产品的主要用户群体及其特征))。

1.3　参考资料

((列出编写SRS所依据的相关标准、模板、产品手册或其他资料))。

1.4　定义、缩写与缩略词

((定义SRS中使用的关键概念、缩写与缩略词))。

2. 产品展望

2.1 产品愿景
((阐述产品的愿景和未来发展方向))。
2.2 产品定位
((描述产品在其产品系列或行业中的定位))。
2.3 发展路线图
((描述产品的大致发展计划与时间表。这为需求的演进提供方向))。
3. 业务流程与规则
3.1 ((流程/规则/场景))
描述与产品密切相关的核心业务流程、规则或典型场景。
3.2 ((流程/规则/场景))
描述其他相关的业务流程、规则或场景。
4. 功能需求
4.1 功能1
描述产品需要实现的功能1，包括功能ID、名称、描述、优先级等。
4.2 功能2
描述产品需要实现的功能2，包括功能ID、名称、描述、优先级等。
……
5. 非功能需求
按性能、安全、可靠性、兼容性等分类描述各项非功能需求和指标。
……

重点

其中的((……))是笔者在文档中嵌入占位，以备在实际使用时，根据实际情况替换。

2.1.3 案例2：使用ChatGPT辅助编写MF京东商城软件需求说明书

ChatGPT是一款智能的自然语言处理工具，它能够根据我们输入的问题或文本段落，自动生成相关的内容和建议。结合对产品需求的深入理解和ChatGPT的智能支持，我们可以更快、更准确地编写出高质量的软件需求说明书，从而为产品开发和测试奠定坚实的基础。使用ChatGPT生成的内容还需要进行适当的修改和完善，以满足具体的业务需求和品牌定位。

在2.1.2小节中，我们已经生成了软件需求说明书模板。下面介绍如何使用ChatGPT辅助编写MF京东商城软件需求说明书，并根据占位符的描述，使用ChatGPT帮助我们生成更加完善的说明书。

动手示例

我们可以先让ChatGPT在特定范围内回答问题。

我们向 ChatGPT 发送如下请求消息。

请根据要求编写 MF 京东商城有关软件需求说明书。

ChatGPT 的回答如下。

好的，请问有哪些具体要求需要满足呢？我可以根据要求来回答您的问题。

然后我们就可以根据文档中占位符的描述内容来提问了。

例如，让 ChatGPT 在“1.1 产品概述”中添加相应内容，我们向 ChatGPT 发送如下请求消息。

描述产品的名称、功能定位和主要特点。

ChatGPT 的回答如下。

产品名称：MF 京东商城

功能定位：提供在线购物平台服务，为消费者和商家搭建互动交流的桥梁。

主要特点：

（1）便捷的购物体验：在 MF 京东商城上可以轻松地搜索、比较、选择所需商品并完成购买，同时还支持多种支付方式和快速的配送服务。

（2）安全的支付保障：MF 京东商城提供多种安全可靠的支付方式，包括在线支付、货到付款、分期付款等，确保用户的财产安全。

（3）多元化的商品选择：MF 京东商城产品涵盖手机、电脑、数码、家居等多个品类，同时还有大量的优质商家提供丰富多彩的商品和服务，满足不同用户的需求。

（4）贴心的售后服务：MF 京东商城提供专业的售后服务团队和完善的售后服务体系，为用户提供 7×24 小时的咨询和服务，让用户无后顾之忧。

再如，让 ChatGPT 在“1.3　参考资料”中添加相应内容，我们向 ChatGPT 发送如下请求消息。

列出编写 SRS 所依据的相关标准、模板、产品手册或其他资料。

ChatGPT 的回答如下。

MF 京东商城的 SRS 可能会参考以下标准、模板、产品手册或其他资料。

（1）《IEEE SRS 模板》：为了规范 SRS 的编写，MF 京东商城可以使用 IEEE 提供的 SRS 模板，以便更好地满足标准化要求。

（2）《MF京东商城用户手册》：该手册包括了MF京东商城各项功能的具体介绍和使用方法，可以作为SRS编写的参考资料。

（3）相关标准和法规：为了保障消费者权益，MF京东商城需要遵守相关的国家和地区的电子商务法规和行业标准，如《中华人民共和国电子商务法》等。

（4）市场调研报告：通过对市场进行调研和分析，可以为SRS编写提供更多的信息和指导，如用户需求特点、竞争对手分析、发展趋势预测等。

（5）技术文档和API文档：为了实现MF京东商城各项功能，开发人员需要参考技术文档和API文档，了解所需技术资源和接口。

以上是可能会用到的一些相关标准、模板、产品手册或其他资料。在实际编写SRS时，还需要根据具体情况进行选择、修订和补充。

关于其他内容的编写，我们不再赘述，大家可以参考前面介绍的例子借助ChatGPT编写软件说明书。实际上，借助ChatGPT生成初步草稿，并根据公司具体需求进行适当的修改和修订，可以更有效、准确地编写出符合要求的高质量软件说明书。

2.2 与ChatGPT对话的文本语言——Markdown

在之前的学习中，我们了解到 ChatGPT 只能够返回一个文本，不能够直接生成 Word、Excel、PDF 等文档。但是我们可以让 ChatGPT 返回 Markdown 代码，并利用 Markdown 编辑器或转换器将其转换成所需格式的文档。

2.2.1 Markdown基本语法

Markdown是一种轻量级标记语言，支持以简单、易读的格式编写文本并将其转换为HTML或其他格式，借助于一些工具，可以将Markdown文档转换成为Word或PDF等格式文件。

以下是Markdown语法介绍。

1. 标题

Markdown使用“#”来表示标题的级别，Markdown语法中提供了六级标题（“#”一级标题到“######”六级标题），通过多个“#”的嵌套来区分。注意“#”后面要有个空格，然后才是标题内容。

代码如下。

```
# 一级标题
## 二级标题
### 三级标题
#### 四级标题
##### 五级标题
```

```
###### 六级标题
```

上面的这段Markdown代码，使用预览工具查看，会看到如图 2-1 所示的效果。

一级标题

二级标题

三级标题

四级标题

五级标题

六级标题

图 2-1 Markdown 预览效果（一）

2. 列表

无序列表可以使用“-”或“*”，有序列表则使用数字加“.”，注意“-”或“*”后面也要有个空格，代码如下。

```
- 无序列表项 1
- 无序列表项 2
- 无序列表项 3

1. 有序列表项 1
2. 有序列表项 2
3. 有序列表项 3
```

上面的这段Markdown代码，使用预览工具查看，会看到如图 2-2 所示的效果。

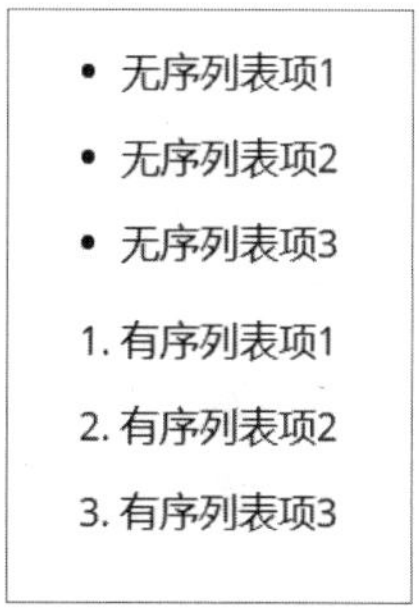

- 无序列表项1
- 无序列表项2
- 无序列表项3

1. 有序列表项1
2. 有序列表项2
3. 有序列表项3

图 2-2 Markdown 预览效果（二）

3. 引用

使用“>”符号表示引用，注意“>”后面也要有一个空格，代码如下。

```
> 这是一段引用文本。
> 这是一段引用文本。
> 这是一段引用文本。
> 这是一段引用文本。
```

上面的这段Markdown代码，使用预览工具查看，会看到如图 2-3 所示的效果。

这是一段引用文本。
这是一段引用文本。
这是一段引用文本。
这是一段引用文本。

图 2-3 Markdown 预览效果（三）

4. 粗体和斜体

使用“**”包围文本来表示粗体，使用“*”包围文本来表示斜体，注意“**”或“*”后面也要有个空格，代码如下。

```
这是 ** 粗体 ** 文本，这是 * 斜体 * 文本。
```

上面的这个Markdown代码，使用预览工具查看，会看到如图 2-4 所示的效果。

这是**粗体**文本，这是*斜体*文本。

图 2-4　Markdown 预览效果（四）

5. 图片

Markdown 图片语法如下。

```
![图片 alt](图片链接 "图片 title")
```

示例代码如下。

```
![AI 生成图片](./images/deepmind-mbq0qL3ynMs-unsplash.jpg "这是 AI 生成的图片。")
```

上面的这段Markdown代码，使用预览工具查看，会看到如图 2-5 所示的效果。

图 2-5　Markdown 预览效果（五）

6. 代码块

使用三个反引号（```）将代码块括起来，并在第一行后面添加代码语言名称，如下所示。

````
```python
import re

def calculate_word_frequency(text):
    words = re.findall(r'\b\w+\b', text.lower())
    word_counts = dict()
for word in words:
    if word in word_counts:
        word_counts[word] += 1
    else:
````
````

```
        word_counts[word] = 1

top_10 = sorted(word_counts.items(), key=lambda x: x[1], reverse=True)[:
10]
return top_10
```
```

注意：在三个反引号（```）后面可以指定具体代码语言，如示例中“python”是指定这个代码是Python代码，它的好处是关键字高亮显示。

上面的这段Markdown代码，使用预览工具查看，会看到如图 2-6 所示的效果。

```
import re

def calculate_word_frequency(text):
    words = re.findall(r'\b\w+\b', text.lower())
    word_counts = dict()
for word in words:
    if word in word_counts:
        word_counts[word] += 1
    else:
        word_counts[word] = 1

top_10 = sorted(word_counts.items(), key=lambda x: x[1], reverse=True)[:10]
return top_10
```

图 2-6　Markdown 预览效果（六）

上面介绍的是 Markdown 的基本语法。这些语法已经足够我们完成一些常见的工作了。如果读者有特殊需求，可以自行学习其他的 Markdown 语法。

2.2.2 使用Markdown工具

“工欲善其事，必先利其器。”编写Markdown代码时，需要借助好的Markdown工具。

Markdown工具是指专门用来编辑和预览Markdown文件的软件，如VS Code、Typora、Mark Text等。常见的Markdown工具有以下几种。

（1）Visual Studio Code：简称VS Code，是一款免费开源的代码编辑器，它对Markdown语法有很好的支持。我们可以安装Markdown相关扩展（插件），实现文件预览、emoji自动替换、PDF导出等功能。VS Code是当前非常流行的Markdown编辑工具。

（2）Typora：Typora是一款简洁大方的Markdown编辑器，其界面的简洁美观与平滑流畅让人陶醉。我们可以实时预览，插入图片、表情符号、TOC（table of contents，目录表）等，用起来非常顺手，它是许多人首选的Markdown写作工具。

（3）Mark Text：这是一款开源的Markdown编辑器，界面简洁，功能强大，支持实时预览、编辑模式切换、插件扩展等。它屏蔽了各种复杂设置，专注于文字与思维，是Markdown写作的不错选择。

（4）Ulysses：这是一款专业的写作软件，可以方便编辑Markdown和其他格式的文稿，提供丰富的导出选项，功能强大。它界面简洁大方，具有较高的专业性，适合严肃写作。不过收费较贵，
```

可能不适合所有用户。

（5）iA Writer：iA Writer是一款专注文字写作软件，简洁的界面和强大的Markdown支持令它深受用户喜爱。它可以高度定制主题和字体，专注文字本身，提高写作体验和效率。但整体功能相对简单，可能不能满足某些用户的全部需求。

以上是几款主流的Markdown编辑工具，我们可以根据个人需求和喜好，选择一款功能简洁且强大的工具，来高效编辑Markdown文档。结合ChatGPT，可以进一步减轻我们的工作量，提升知识创作的效率与质量。

考虑到费用及版权问题，笔者推荐在VS Code中编辑Markdown文档。

下载VS Code的网站如图 2-7 所示。

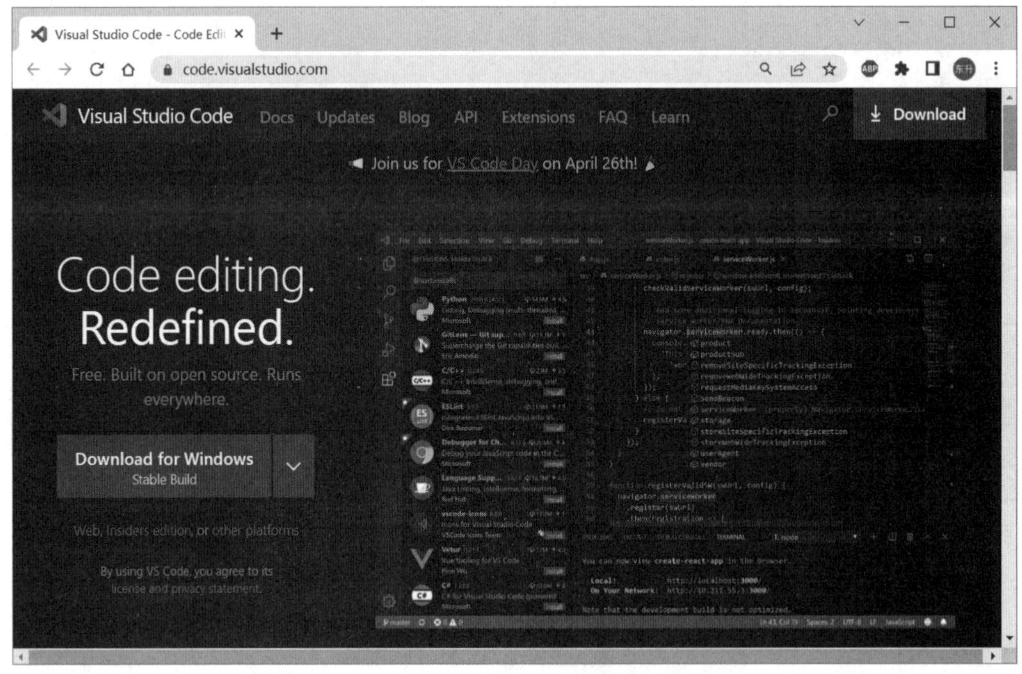

图 2-7　下载VS Code的网站

读者可以单击“Download for Windows”按钮下载基于Windows版本的VS Code安装软件，也可以选择其他操作系统并进行下载。下载完成之后双击安装文件就可以安装了，安装过程不再赘述。

为了在VS Code中更好地编写和预览Markdown文档，需要在VS Code中安装一些扩展。这些需要安装的扩展如下。

- Markdown All in One：提供诸多Markdown语法的快捷键和功能，如格式化、预览、表格生成等，使得Markdown的编写更加高效。
- Markdown Preview Enhanced：提供更丰富的Markdown预览功能，支持数学公式、Mermaid图表、代码块高亮等，可以将Markdown文件转换为HTML、PDF、PNG等格式的文档。
- Markdownlint：提供Markdown语法检查功能，可以在编写过程中发现并修复常见的Markdown语法错误。

以上是一些常用的Markdown扩展，读者可以根据自己的需求进行选择和安装。

在VS Code中安装扩展的步骤如下。

图 2-8　安装VS Code扩展

上述示例只介绍了Markdown All in One扩展的安装，其他的扩展读者可以自己安装，这里不再赘述。

在VS Code中创建文本文件，然后把文件保存为.md文件就可以了，其他的使用过程不再赘述。

在VS Code中编写和预览Markdown，如图 2-9 所示。

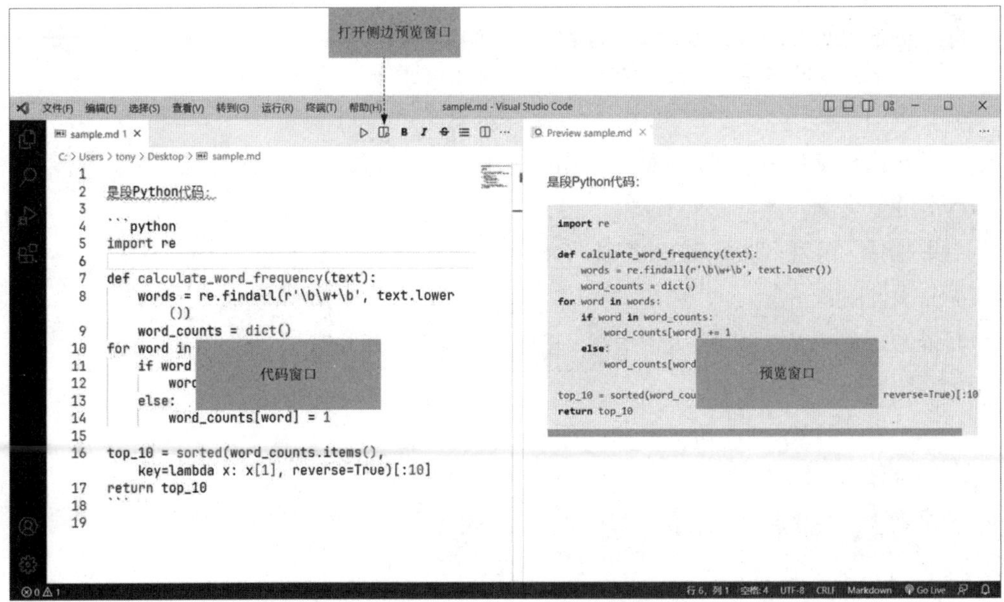

图 2-9　在VS Code中编写和预览Markdown

2.2.3 案例3：生成Markdown 格式MF京东商城软件需求说明书模板

装好Markdown工具后，我们就可以通过一个案例来熟悉一下如何用ChatGPT生成Markdown格式文档。

动手示例

我们可以先让ChatGPT在特定范围内回答问题。

我们向ChatGPT发送如下请求消息。

请帮我生成MF京东商城软件需求说明书模板，返回Markdown代码格式。

ChatGPT的回答如下。

```
# MF 京东商城软件需求说明书
## 1. 引言
- 目的 - 范围 - 定义、缩略语和缩写词  参考文献
## 2. 总体描述
- 产品前景 - 需求概述 - 用户类别 - 运行环境 - 设计和实现约束 - 假设和依赖关系
## 3. 规定功能
- 功能性 - 数据性能 - 灵活性 - 系统界面 - 安全性 - 其他要求
## 4. 非规定功能
- 可用性 - 可靠性 - 效率 - 可维护性 - 可移植性
## 5. 数据库需求
- 数据定义 - 数据操作 - 数据存储
## 6. 接口需求
- 用户接口 - 硬件接口 - 软件接口 - 通讯接口
## 7. 性能需求
- 性能指标 - 精度 - 时间特性 - 容量
## 8. 设计限制
- 标准合规性 - 硬件限制 - 软件限制 - 接口限制 - 数据库限制
## 9. 质量属性
- 可测试性 - 可重用性 - 可扩展性 - 可互操作性
## 10. 其他需求
- 安全需求 - 法律需求 - 环境需求 - 非功能需求

---
```

以上是MF京东商城软件需求说明书的模板。您可以在此基础上根据实际情况进行修改和补充。

复制上述代码，保存为MF京东商城软件需求说明书.md文件，然后在VS Code中预览，如图 2-10 所示。

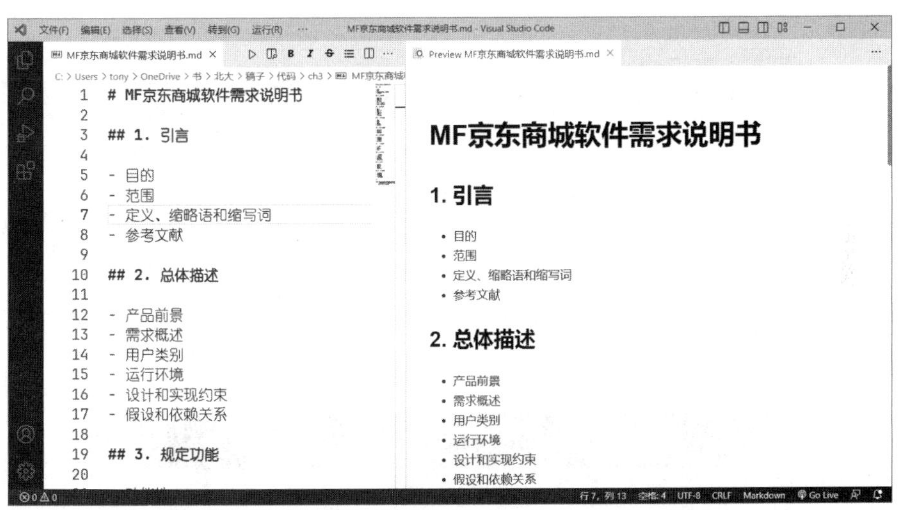

图 2-10　在 VS Code 中编写和预览MF京东商城软件需求说明书

2.2.4 将Markdown格式文档转换为Word文档

有时我们需要将Markdown格式文档转换为Word文档，此时可以使用一些工具或服务。其中一个可选项是使用Pandoc软件。下载Pandoc软件的网站页面，如图 2-11 所示。

读者在该网站可以下载相关操作系统对应的Pandoc软件，下载完成就可以安装了，安装时应确保已经将其添加到系统路径中。

安装完成后，通过终端或命令行界面输入以下命令即可将Markdown文件转换为Word文档。

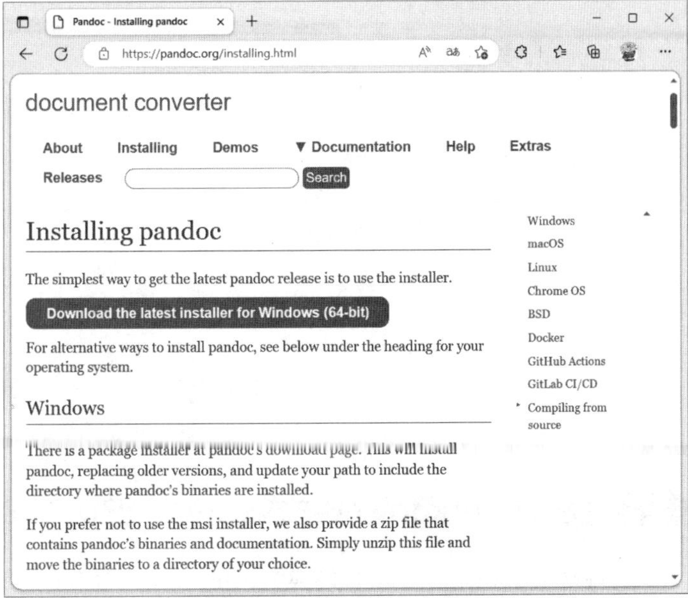

图 2-11　下载Pandoc软件的网站页面

```
pandoc input.md -o output.docx
```

其中，input.md是要转换的Markdown文件名，output.docx是生成的Word文档的名称。

除了Pandoc之外，还有一些其他工具和服务可以实现此功能，如在线Markdown转换器、VS Code扩展程序等。读者可以根据自己的需求选择适合自己的工具或服务。

将MF京东商城软件需求说明书.md文件转换为MF京东商城软件需求说明书.docx，指令如图 2-12 所示。

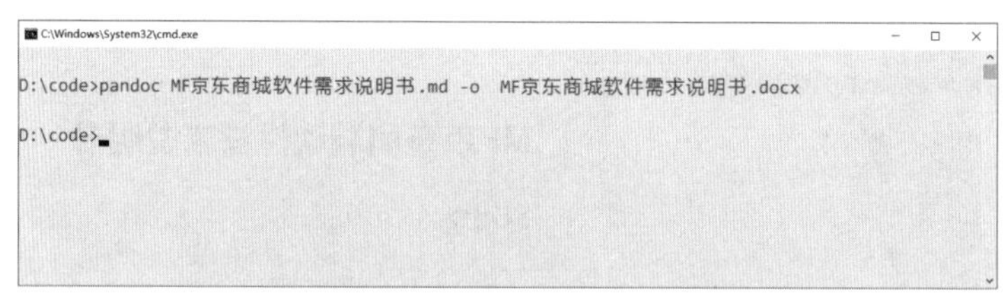

图 2-12　转换MF京东商城软件需求说明书格式

转换成功后会看到在当前目录下生成MF京东商城软件需求说明书.docx文件，打开该文件如图 2-13 所示。

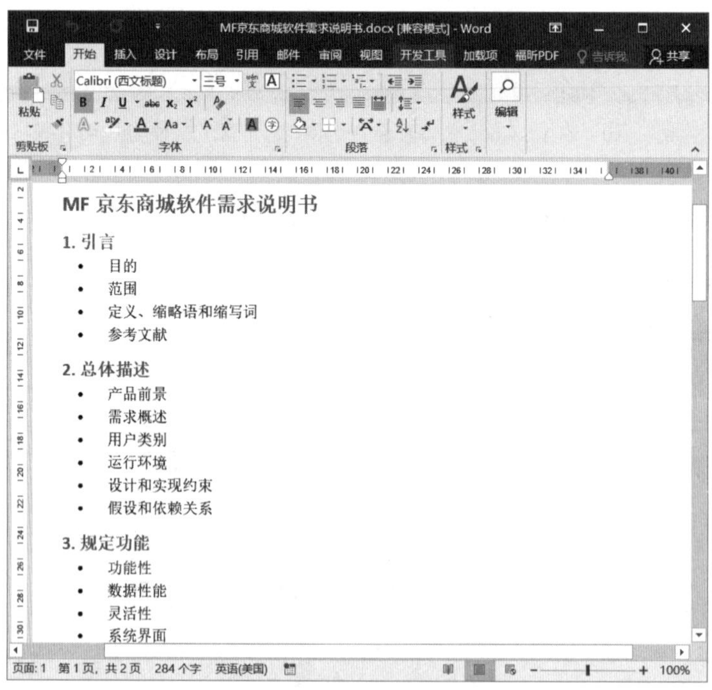

图 2-13　转换格式后的MF京东商城软件需求说明书

2.2.5 将Markdown格式文档转换为PDF文档

要将Markdown格式的文档转换为PDF文档，我们可以使用Pandoc或Typora等工具。在笔者看来，这些工具都有些麻烦，大家也可以使用Word将其转成PDF。

读者可以使用 2.2.4 节生成的 Word 文件，将其输出为 PDF 文件。具体步骤如下：打开 Word 文件后，单击菜单“文件”→“导出”，弹出如图 2-14 所示的对话框，然后按照图 2-14 所示步骤导出 PDF 文件即可。

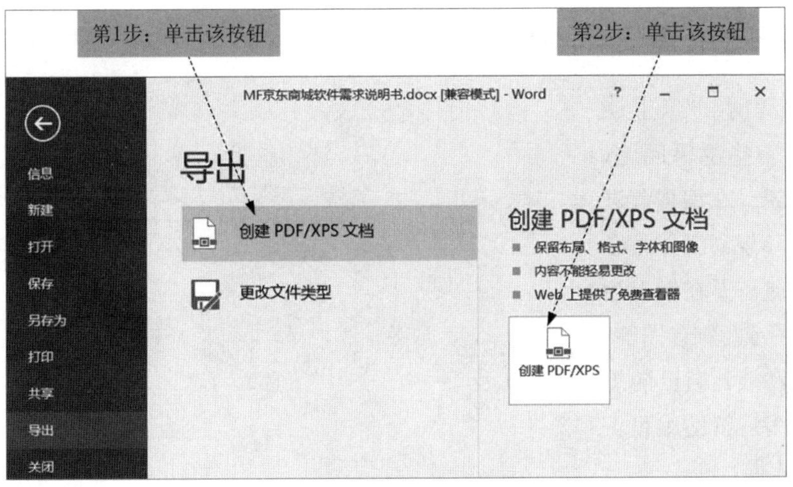

图 2-14 导出 PDF 对话框

2.3 思维导图

思维导图是一种用于组织和表示概念及其关系的图表工具。它由一个中心主题发散出相关的分支主题，层层递进，直观地呈现思路和逻辑关系。

2.3.1 思维导图在软件开发中的作用

在软件开发中，思维导图可以发挥多种作用，具体如下。

（1）需求分析和设计：绘制思维导图，可以帮助团队更好地理解和组织系统的需求与设计，包括功能、数据结构、流程和界面等。它可以使开发者更清晰地了解系统的整体架构和交互逻辑，并有助于识别潜在的问题和改进点。

（2）代码编写和测试：思维导图可以作为编写和测试代码的指南，帮助开发人员更快速地编写和测试代码。例如，在编写函数或方法时，可以使用思维导图来记录输入、输出、变量和参数等信息，以便更好地管理代码的复杂度，并保证质量。

（3）团队协作和知识共享：思维导图可以作为协作和沟通的工具，帮助团队成员更好地共享知识和想法，并协作推进项目的进展。通过思维导图，可以更直观地了解团队成员的思考和进展情况，并及时调整计划和任务。

（4）系统优化和演化：随着系统的不断演化和优化，思维导图可以帮助团队更好地管理和更新系统的架构和设计，以便满足业务需求和技术变化。通过思维导图，可以更清晰地了解系统的演化过程和各个阶段的变化，从而更有针对性地调整和优化。

总之，在软件开发中，思维导图可以帮助团队更好地理解和组织需求、设计、实现与优化等方面的信息，并促进团队协作和知识共享。

2.3.2 优秀的程序员与思维导图

当涉及编程时，“纸上谈兵”可能存在一些逻辑问题。对于程序员来说，在编程前进行大量的思考和规划工作是必要的，他们可能需要在纸上绘制图表、流程图或思维导图等，以更好地组织和表达自己的想法和计划，并为后续的编程工作提供指导和依据。

但是，“纸上谈兵”并不意味着程序员可以只停留在理论层面而不进行实际行动。最终的目标仍然是将想法转化为实际可执行的代码。因此，程序员需要根据具体情况进行权衡和选择，既要进行足够的规划和设计工作，又要确保能够及时地将想法付诸实践。

图 2-15 所示是笔者的团队在“艺术品收藏应用平台”绘制的思维导图。

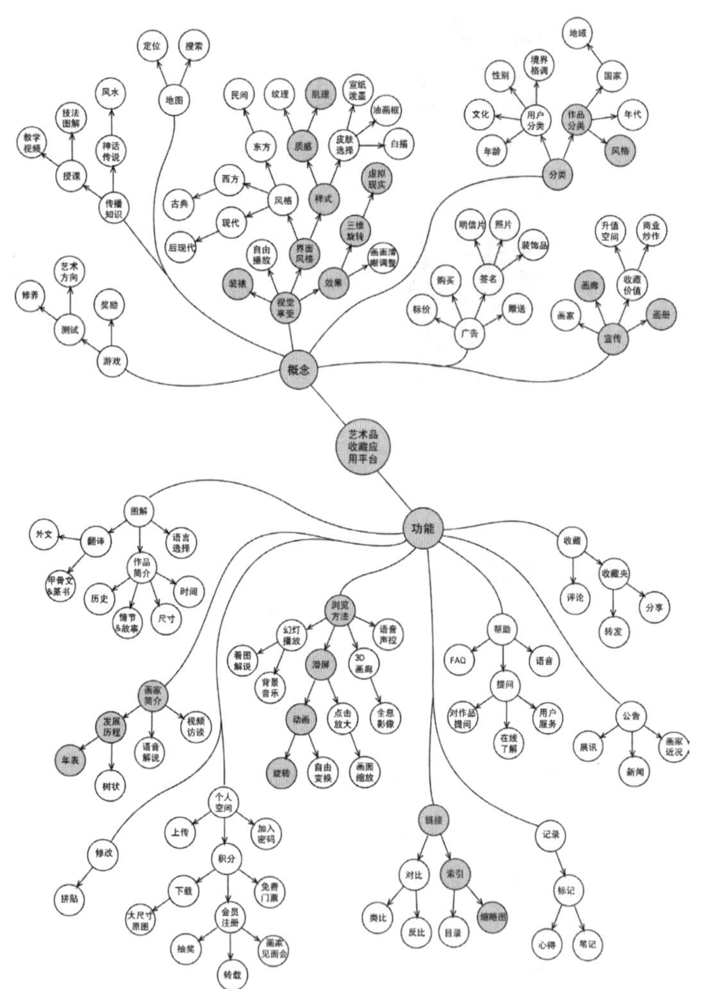

图 2-15 针对“艺术品收藏应用平台”功能与概念的思维导图

2.3.3 绘制思维导图

思维导图可以手绘或使用电子工具创建。当使用电子工具创建时，常使用专业的软件或在线工具，如MindManager、XMind、Google Drawings、Lucidchart等，这些工具提供了丰富的绘图功能和模板库，可以帮助读者快速创建各种类型的思维导图。

图 2-16 所示是在白板上绘制的“艺术品收藏应用平台”思维导图，而图 2-17 所示是XMind绘制的思维导图。

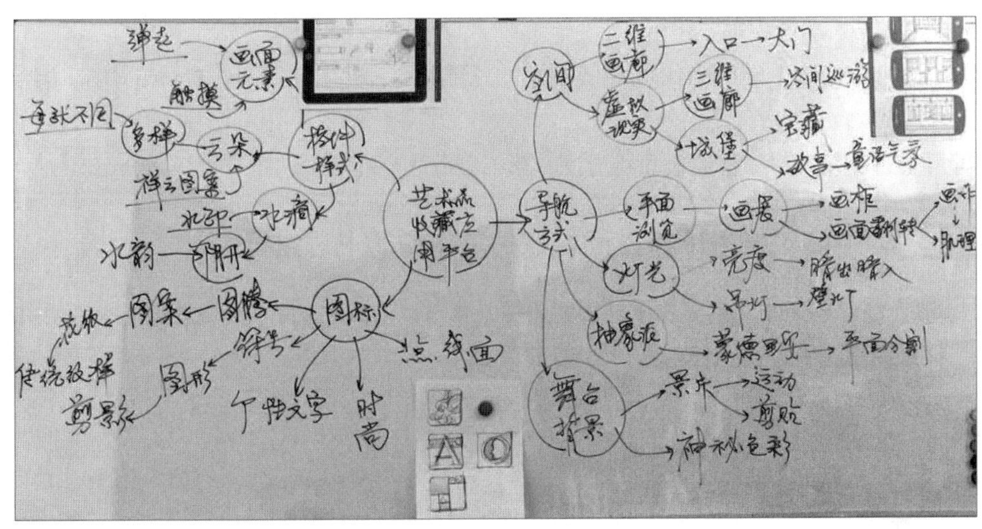

图 2-16　在白板上绘制的“艺术品收藏应用平台”思维导图

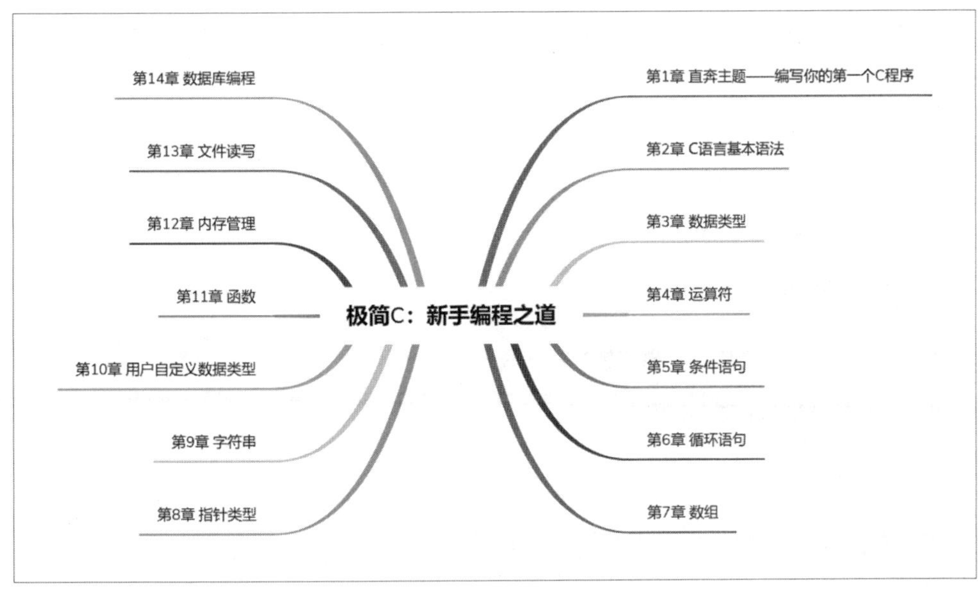

图 2-17　XMind绘制的思维导图

思维导图是一种记录和组织思考过程的工具，可以在纸质或数字介质上使用。重要的是用它来帮助我们以可视化的方式捕捉和整理想法，便于更好地理解和记忆信息。无论是手写还是使用软件创建，思维导图都可以作为一个非常有用的工具来促进问题的解决和创造力的发挥。

2.3.4 使用ChatGPT绘制思维导图

ChatGPT是一种自然语言处理模型，并不具备直接绘制思维导图的能力。但是可以通过如下方法实现。

（1）通过ChatGPT生成Markdown 代码描述的思维导图，然后使用一些思维导图工具从

Markdown 格式导入即可。

（2）通过ChatGPT生成PlantUML语言描述的思维导图，然后使用一些PlantUML语言绘制思维导图。

本章重点介绍第一种方法绘制思维导图，第二种方法会在后面的章节再详细介绍。

2.3.5 案例4：生成MF京东商城软件需求说明书思维导图

2.3.4 节介绍了ChatGPT生成思维导图的步骤，本节以生成MF京东商城软件需求说明书思维导图为例，详细介绍一下。

动手示例

由于ChatGPT不能生成图片，我们可以换一种问法。

我们向ChatGPT发送如下请求消息。

帮助我以“MF京东商城软件需求说明书”为中心主题，返回一个文本版的思维导图，注意返回Markdown 格式代码。

这个提问有三个层面的信息：

（1）以×××为中心主题；

（2）生成文本版的思维导图；

（3）返回Markdown 格式代码。

指令执行后，ChatGPT的回答如下。

```
# MF京东商城软件需求说明书

- 介绍
  - 描述MF京东商城的软件需求规格说明书。

- 目的
  - 确定软件开发的正确方向，满足利益相关者的需求。

- 总体描述
  - 用户界面
    - 提供易于使用的界面，以帮助用户轻松地浏览和购买商品。
  - 功能性需求
    - 搜索功能：允许用户在产品目录中搜索特定的商品。
```

  - 购物车：允许用户将多个商品添加到购物车中，并计算总价格。
  - 支付系统：提供安全、可靠的支付系统，以确保购买过程的安全性。
  - 订单管理：允许用户查看他们的订单历史记录和当前订单状态。
 - 非功能性需求
  - 安全性：保护用户的隐私和敏感信息。
  - 可靠性：确保系统稳定运行，尽可能避免错误和故障。
  - 性能：保证系统在高峰期的稳定性和响应速度。

- 用户角色
 - 游客
  - 可以浏览商品，但无法进行购买或访问用户个人信息。
 - 注册用户
  - 可以登录、访问个人信息和购物车，并进行购买。

- 功能需求
 - 商品浏览和搜索
  - 游客可以浏览商品，但需要注册才能进行搜索。
  - 用户可以按类别、品牌或关键字搜索商品。
 - 购物车
  - 允许用户添加或删除商品。
  - 显示每种商品的数量和单价。
  - 计算总价和运费。
 - 收银台
  - 提供多种付款方式，如信用卡、支付宝等。
  - 验证付款信息，并向用户发送电子邮件确认。
 - 订单管理
  - 允许用户查看订单历史记录。
  - 允许用户取消订单。
  - 提供跟踪订单状态的功能。

- 非功能性需求
 - 安全性
  - 用户密码必须加密存储。
  - 敏感数据必须加密传输。
  - 防止网络攻击、诈骗和欺诈。

```
    - 可靠性
      - 系统必须保持稳定运行，最小化故障和错误。
      - 系统应具有自动恢复机制，以确保遇到故障时系统不会完全停机。
    - 性能
      - 系统必须在高峰期内保持良好的响应速度。
      - 系统必须能够处理大量的同时在线用户和购买交易。

  - 依赖关系
    - 数据库管理系统
      - 存储商品信息、用户信息和订单信息。
    - 支付接口
      - 提供安全、可靠的支付方式，如信用卡或支付宝等。

  - 输出
    - 需求文档
  - 描述MF京东商城的软件需求规格说明书。
```

我们将上面的代码复制出来，然后保存为Markdown格式文件（*.md）。

由于XMind工具提供了从Markdown文件导入的功能，我们可以使用XMind工具导入这个刚刚生成的Markdown文件。

导入过程如下：打开XMind工具，单击菜单“文件”→“导入于”→“Markdown”，弹出“导入文件”对话框，选择要导入的XMind文件，导入成功后的效果如图2-18所示。

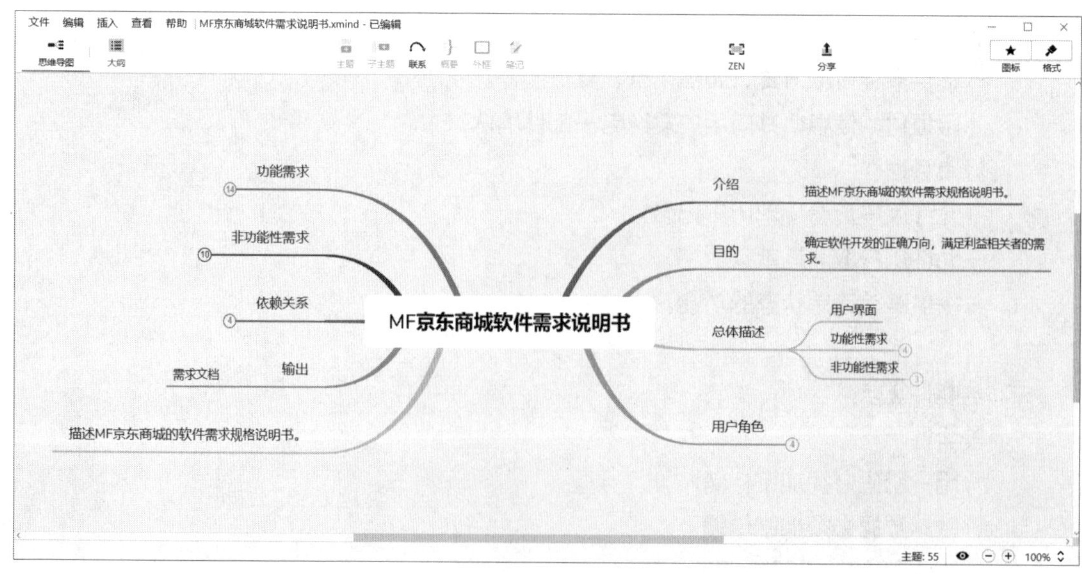

图2-18　导入Markdown文件的思维导图

除了XMind这个软件以外，还有很多种工具可以将文本导入成思维导图，这里不再赘述。

2.4 使用表格

在软件设计和开发过程中，表格是一种非常有用的数据展示与组织方式，常用于以下几个方面。

（1）需求分析：使用表格收集用户需求与期望，对需求进行分类和优先级排序，如需求调研表格。

（2）架构设计：使用表格描述软件系统的架构结构与组件关系，如架构设计文档中的架构图表。

（3）数据建模：使用表格定义软件系统要操作和管理的数据实体及相互之间的关系，如ER图转换为关系模型的表格。

（4）接口设计：使用表格描述软件系统内各个模块或组件所提供的接口，包括接口名称、输入输出等，如接口设计规范中的接口描述表格。

（5）测试用例设计：使用表格设计各种类型的测试用例，包括测试用例名称、前置条件、测试步骤、预期结果等，如需求对应矩阵表和测试用例规范表等。

（6）项目管理：在项目管理过程中，通过表格展示任务列表、进度跟踪、责任分配、问题追踪等信息，如进度报表、日志表、问题追踪表等。

（7）文档编写：在软件设计与开发的各种文档中广泛使用表格进行数据展示，包括需求文档、设计文档、测试文档等。

（8）变更管理：使用表格记录和追踪项目的各种变更请求，用于管理变更的提出、审核、批准与实施等流程，如变更申请与审批表等。

综上，表格以其简单清晰的结构，作为一种直观的数据展示方式，在软件设计与开发过程的各个阶段都发挥着重要作用。

2.4.1 Markdown表格

使用ChatGPT制作表格，至少有以下两种方法。

（1）制作Markdown表格。

（2）制作CSV电子表格。

本节先介绍制作Markdown表格，在Markdown代码中可以创建表格，Markdown格式表格也是纯文本格式，可以方便地在不同的编辑器和平台之间共享和编辑。以下是一个制作Markdown表格的示例。

```
| 产品分类          | 产品数量 | 价格范围     |
|------------------|---------|-----------|
| 家用电器          | 250     | $100-$1000 |
| 厨房电器          | 90      | $50-$800   |
| 个人护理电器      | 80      | $10-$200   |
```

```
| 家具和装饰品        | 180       | $50-$2000   |
| 沙发和椅子          | 70        | $200-$1000  |
| 床和床上用品        | 60        | $100-$1500  |
```

预览效果如图 2-19 所示。

产品分类	产品数量	价格范围
家用电器	250	$100-$1000
厨房电器	90	$50-$800
个人护理电器	80	$10-$200
家具和装饰品	180	$50-$2000
沙发和椅子	70	$200-$1000
床和床上用品	60	$100-$1500

图 2-19 Markdown 预览效果（一）

在上面的例子中，通过使用管道符（|）和减号（-），我们可以创建一个简单的 3 列 6 行的表格。第一行为表头，第二行为分隔符，下面的每一行则为表格的数据行。

需要注意的是，在Markdown表格中，单元格内的文本对齐方式通常会根据分隔符的位置自动调整。如果想要更精细地控制单元格的对齐方式，则需要使用冒号（:）进行设置。例如，":--" 表示左对齐，":-:" 表示居中对齐，"--:" 表示右对齐。

以下是一个使用对齐符号的Markdown表格的示例。

```
| 产品分类            | 产品数量  | 价格范围      |
| :------------       | -------:  | :----------:  |
| 家用电器            | 250       | $100-$1000    |
| 厨房电器            | 90        | $50-$800      |
| 个人护理电器        | 80        | $10-$200      |
| 家具和装饰品        | 180       | $50-$2000     |
| 沙发和椅子          | 70        | $200-$1000    |
| 床和床上用品        | 60        | $100-$1500    |
```

预览效果如图 2-20 所示。

产品分类	产品数量	价格范围
家用电器	250	$100-$1000
厨房电器	90	$50-$800
个人护理电器	80	$10-$200
家具和装饰品	180	$50-$2000
沙发和椅子	70	$200-$1000
床和床上用品	60	$100-$1500

图 2-20 Markdown 预览效果（二）

2.4.2 案例5：使用ChatGPT制作Markdown表格

手动编写Markdown表格工作量较大，需要一定的耐心。为了提高生产效率，我们可以使用ChatGPT帮助制作Markdown表格。

假设我们有一个监测系统性能表格，如表 2-1 所示。

表 2-1　监测系统性能表

日期	CPU 利用率 (%)	内存使用 (MB)	网络延迟 (ms)	响应时间 (ms)
2022/1/1	55	600	120	220
2022/1/2	70	800	180	280
2022/1/3	80	900	200	320
2022/1/4	60	700	130	250
2022/1/5	75	750	170	270
2022/1/6	65	650	140	240
2022/1/7	70	800	160	260
2022/1/8	50	500	110	200
2022/1/9	85	1000	220	380
2022/1/10	75	750	170	270
2022/1/11	60	700	130	250
2022/1/12	70	800	180	280
2022/1/13	80	900	200	320
2022/1/14	55	600	120	220
2022/1/15	65	650	140	240
2022/1/16	70	800	160	260
2022/1/17	50	500	110	200
2022/1/18	75	750	170	270
2022/1/19	85	1000	220	380
2022/1/21	70	800	180	280
2022/1/22	80	900	200	320
2022/1/23	55	600	120	220
2022/1/24	75	750	170	270
2022/1/25	60	700	130	250
2022/1/26	85	1000	220	380
2022/1/27	70	800	160	260
2022/1/28	50	500	110	200
2022/1/29	75	750	170	270
2022/1/30	65	650	140	240

表格相对来讲有一些复杂，它可以分为表头数据和表行数据。使用ChatGPT制作Markdown表格可以采用复合指令来实现。

动手示例

第 1 步：我们向ChatGPT发送如下请求消息。

请帮我制作一个表格，返回Markdown代码，我会给你提供表头数据和表行数据。等到我说“表格生成结束”你再停止。

ChatGPT的回答如下。

好的，请提供表头数据和表行数据。

然后就可以向ChatGPT发送表头数据请求消息，具体如下。

表头数据：日期　CPU利用率(%)　内存使用(MB)　网络延迟(ms)　响应时间(ms)

ChatGPT的回答如下。

请按照下面的格式提供表行数据，每一行数据使用逗号分隔，每个数据的顺序与表头数据对应：

```
日期, CPU利用率(%), 内存使用(MB), 网络延迟(ms), 响应时间(ms)
```

例如：

```
2023-04-18, 25, 1024, 50, 100
```

请提供至少一行表行数据。

第 2 步：然后就可以向ChatGPT发送表行数据请求消息，具体如下。

表行数据：2022/1/1 55 600 120 220

ChatGPT的回答如下。

```
| 日期      | CPU利用率(%) | 内存使用(MB) | 网络延迟(ms) | 响应时间(ms) |
| --------- | ------------ | ------------ | ------------ | ------------ |
| 2022/1/1  | 55           | 600          | 120          | 220          |
```

如果有多条数据，返回重复第 2 步。

重点

事实上也可以一次性输入多条数据，但是输入数据多，也就意味着返回数据会增多，ChatGPT 对返回数据量有限制，导致只能返回部分数据。建议读者“多次少输入”，如果发现 ChatGPT 不动了，说明返回数据太多，读者可以发送“请继续”，它会继续返回数据。

返回数据如下。

日期	CPU 利用率 (%)	内存使用 (MB)	网络延迟 (ms)	响应时间 (ms)
2022/1/1	55	600	120	220
2022/1/2	70	800	180	280
2022/1/3	80	900	200	320
2022/1/4	60	700	130	250
2022/1/5	75	750	170	270
2022/1/6	65	650	140	240
2022/1/7	70	800	160	260
2022/1/8	50	500	110	200
2022/1/9	85	1000	220	380
2022/1/10	75	750	170	270
2022/1/11	60	700	130	250
2022/1/12	70	800	180	280
2022/1/13	80	900	200	320
2022/1/14	55	600	120	220
2022/1/15	65	650	140	240
2022/1/16	70	800	160	260
2022/1/17	50	500	110	200
2022/1/18	75	750	170	270
2022/1/19	85	1000	220	380
2022/1/21	70	800	180	280
2022/1/22	80	900	200	320
2022/1/23	55	600	120	220
2022/1/24	75	750	170	270
2022/1/25	60	700	130	250
2022/1/26	85	1000	220	380
2022/1/27	70	800	160	260
2022/1/28	50	500	110	200
2022/1/29	75	750	170	270
2022/1/30	65	650	140	240

预览效果如图 2-21 所示。

日期	CPU利用率(%)	内存使用(MB)	网络延迟(ms)	响应时间(ms)
2022/1/1	55	600	120	220
2022/1/2	70	800	180	280
2022/1/3	80	900	200	320
2022/1/4	60	700	130	250
2022/1/5	75	750	170	270
2022/1/6	65	650	140	240
2022/1/7	70	800	160	260
2022/1/8	50	500	110	200
2022/1/9	85	1000	220	380
……	……	……	……	……
2022/1/25	60	700	130	250
2022/1/26	85	1000	220	380
2022/1/27	70	800	160	260
2022/1/28	50	500	110	200
2022/1/29	75	750	170	270
2022/1/30	65	650	140	240

图 2-21　Markdown 预览效果

2.4.3 CSV电子表格

2.4.2 节介绍返回的是Markdown 格式的表格数据，由于ChatGPT不能直接返回Excel文件形式的电子表格，因此我们可以返回CSV电子表格。

CSV，全称是Comma-Separated Values，即逗号分隔值的文本文件的电子表格。CSV文件可以被许多应用程序读取和编辑，如Microsoft Excel、Google Sheets等。每行表示一行记录，每个字段之间用逗号分隔。通常第一行包含表头，其余的行包含数据。例如，以下是一个包含表头和三行数据的简单示例。

```
姓名,年龄,性别
爱丽丝,25,女
鲍勃,30,男
查理,35,男
```

我们需要将CSV代码复制到文本编辑器中，如图 2-22 所示。

然后将文件保存为“.csv”文件格式，如图 2-23 所示。

保存好CSV文件之后，我们可以使用Excel和WPS等Office工具打开，图 2-24 所示是使用Excel打开CSV文件的效果。

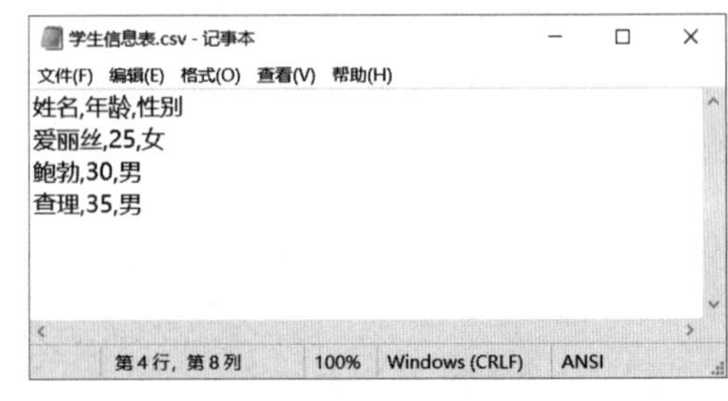

图 2-22　在记事本中编写CSV代码

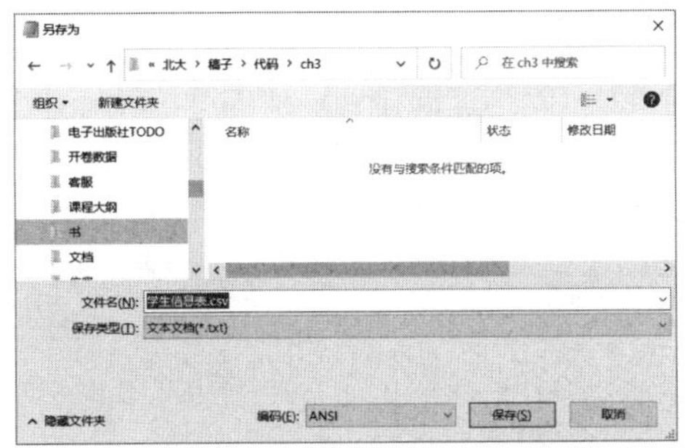

图 2-23 保存 CSV 文件

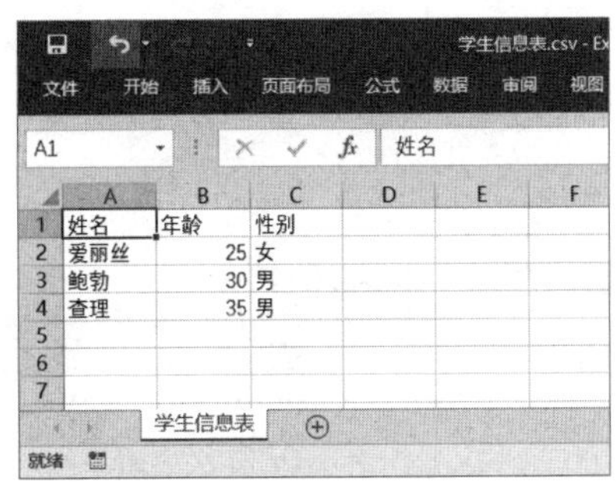

图 2-24 使用 Excel 打开 CSV 文件

重点

在保存 CSV 文件时，要注意字符集问题！如果是在简体中文系统下，推荐字符集选择 ANSI，ANSI 在简体中文系统下就是 GBK 编码，如果不能正确选择字符集则会出现中文乱码。图 2-25 所示是采用 Excel 工具打开 UTF-8 编码的 CSV 文件，会出现中文乱码，而采用 WPS 工具打开则不会有乱码。

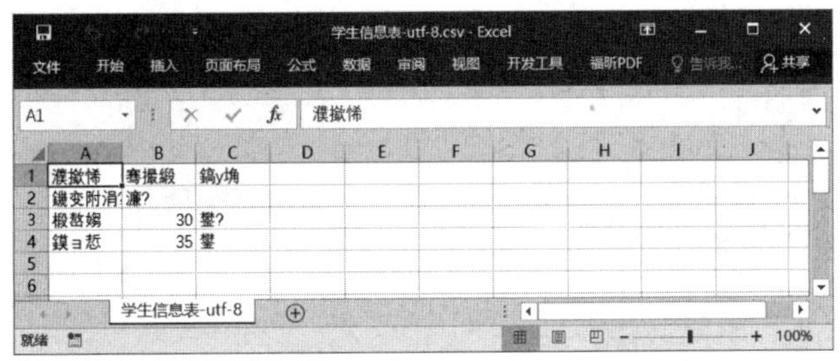

图 2-25 CSV 文件乱码

2.4.4 案例6：使用ChatGPT制作CSV表格

下面通过案例介绍如何使用 ChatGPT 生成 CSV 表格。

使用 ChatGPT 生成 CSV 表格和生成 Markdown 表格类似，都是比较复杂的，可以采用复合指令实现。

动手示例

第 1 步如下。

我们向 ChatGPT 发送如下请求消息。

请帮我制作一个表格，返回 CSV 代码，我会给你提供表头数据和表行数据。等到我说“表格生成结束”，你再停止。

ChatGPT 的回答如下。

好的，请提供表头数据和表行数据，我会帮您生成相应的 CSV 代码。

然后就可以向ChatGPT发送表头数据请求消息，具体如下。

表头数据：日期 CPU利用率(%) 内存使用(MB) 网络延迟(ms) 响应时间(ms)

ChatGPT的回答如下。

好的，请确认以下的CSV代码是否正确：

```
日期,CPU利用率(%),内存使用(MB),网络延迟(ms),响应时间(ms)
```

以上是表头数据的CSV代码，如果没有问题，请提供表行数据。

第 2 步如下。

然后就可以向ChatGPT发送表行数据请求消息，具体如下。

表行数据：2022/1/1 55 600 120 220

ChatGPT的回答如下。

```
日期,CPU利用率(%),内存使用(MB),网络延迟(ms),响应时间(ms)
2022/1/1,55,600,120,220
```

如果有多条数据，返回重复第 2 步。

最后返回的CSV代码如下。

```
日期,CPU利用率(%),内存使用(MB),网络延迟(ms),响应时间(ms)
2022/1/2,70,800,180,280
2022/1/3,80,900,200,320
2022/1/4,60,700,130,250
2022/1/5,75,750,170,270
2022/1/6,65,650,140,240
2022/1/7,70,800,160,260
2022/1/8,50,500,110,200
2022/1/9,85,1000,220,380
2022/1/10,75,750,170,270
2022/1/11,60,700,130,250
2022/1/12,70,800,180,280
2022/1/13,80,900,200,320
2022/1/14,55,600,120,220
2022/1/15,65,650,140,240
2022/1/16,70,800,160,260
2022/1/17,50,500,110,200
```

```
2022/1/18,75,750,170,270
2022/1/19,85,1000,220,380
2022/1/21,70,800,180,280
2022/1/22,80,900,200,320
2022/1/23,55,600,120,220
2022/1/24,75,750,170,270
2022/1/25,60,700,130,250
2022/1/26,85,1000,220,380
2022/1/27,70,800,160,260
2022/1/28,50,500,110,200
2022/1/29,75,750,170,270
2022/1/30,65,650,140,240
```

将这些CSV代码复制出来，粘贴到记事本中保存为CSV文件，过程不再赘述。

2.4.5 转换为Excel

使用ChatGPT制作的CSV表格，如何将其转换为Excel呢？我们可以在使用 Excel或WPS等工具打开CSV文件后，选择菜单“文件”→“另存为”后弹出文件“另存为”对话框，在文件“保存类型”中选择“*.xlsx”，如图 2-26 所示。

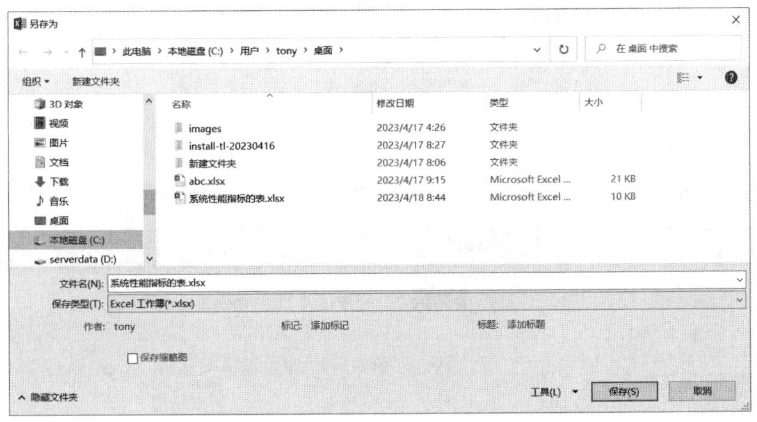

图 2-26　使用 Excel 另存为 Excel 文件

2.5 使用ChatGPT制作图表

ChatGPT不能直接制作图表，但是可以通过多种途径制作图表，主要有以下两种方法。

（1）无编程方法，可以使用ChatGPT生成Excel电子表格，然后再使用Excel中的内置图表制作功能制作图表。

（2）编程方法，通过ChatGPT生成代码，如使用VBA、Python等语言，从数据中生成图表。

2.5.1 无编程方法使用ChatGPT制作图表

在用无编程方法使用ChatGPT制作图表的过程中，使用ChatGPT生成Excel文件过程参考2.4节相关内容，这里不再赘述。

在Excel中制作图表的过程如图2-27所示。

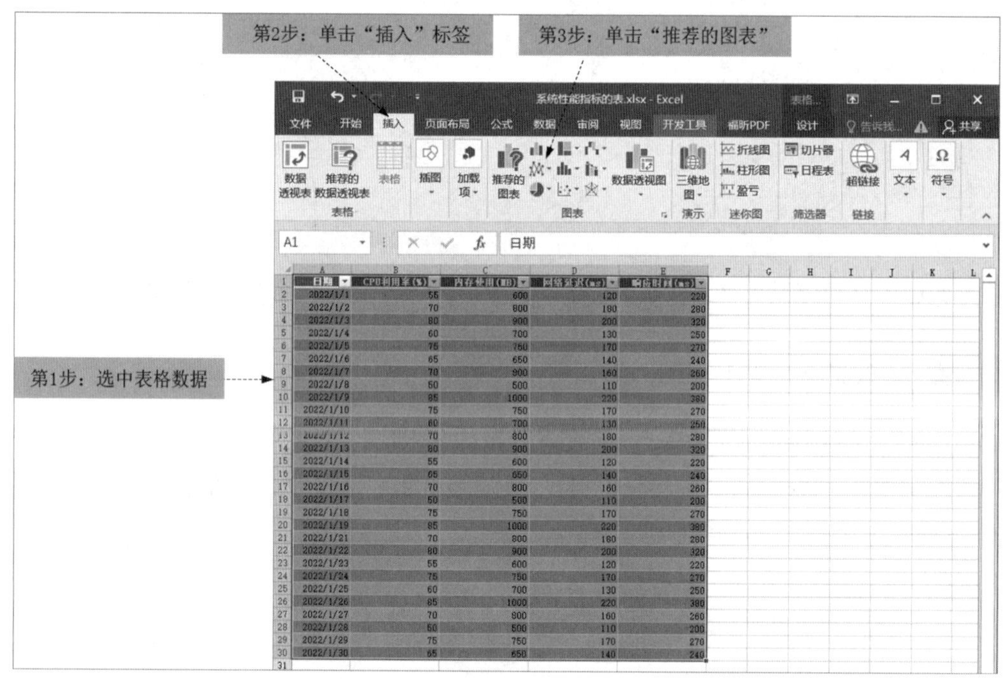

图 2-27　在Excel中制作图表

单击“推荐的图表”按钮，出现如图2-28所示的图表。

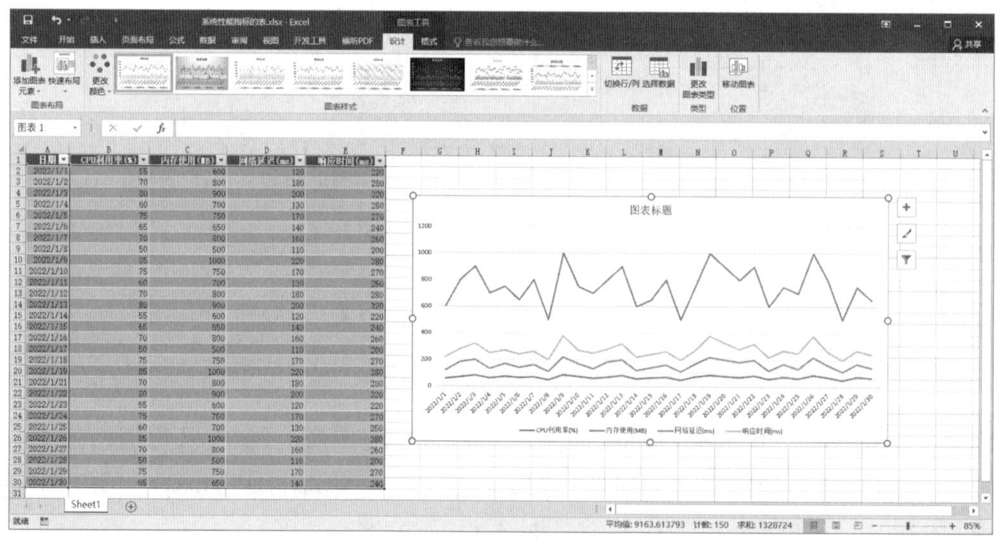

图 2-28　选择图表类型

在图2-28所示的界面，读者可以进行调整图表类型、修改标题等操作，这里不再赘述。最后，可以将图表导出来，效果如图2-29所示。

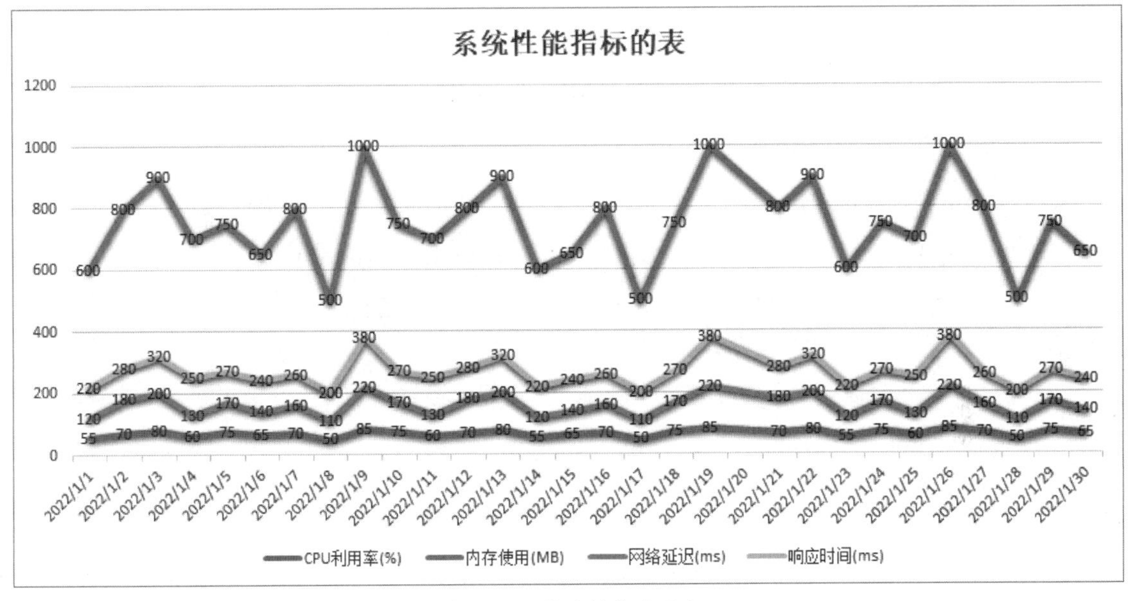

图2-29　最后制作的图表

重点

在Excel中选中要导出的图表，然后使用复制（Ctrl+C）和粘贴（Ctrl+V）命令将图表粘贴到另一个应用程序中（如Word、PowerPoint、Paint等）。粘贴后，读者可以对图表进行进一步编辑、保存或导出。

2.5.2 编程方法使用ChatGPT制作图表

如果想要通过编程方法使用ChatGPT图表，需要具备一定的编程基础。目前主要可以使用VB和Python语言实现。

笔者强烈推荐使用Python语言来编写代码，因为Python提供了丰富的图表库，如Matplotlib、Seaborn、Plotly等。这些库提供了丰富的API和组件，可以帮助绘制高质量的图表，并提供多种导出格式，如PNG、JPEG、SVG等。

接下来将通过一个案例介绍如何使用ChatGPT生成Python代码来制作图表。

为了运行Python代码，读者需要先安装Python解释器和相应的库。安装过程相对简单，可以参考官方文档或在线教程进行操作。如果读者遇到问题或不确定如何处理，可以向编程社区寻求帮助或查询相关资料。

另外，读者也可以向ChatGPT等人工智能模型提出问题并获取相关建议和指引。

动手示例

第 1 步如下。

我们向ChatGPT发送如下请求消息。

我要使用Python代码来制作图表，需要安装哪些环境库。

ChatGPT的回答如下。

要使用Python代码制作图表，您需要安装以下常用的Python图表库。

- Matplotlib：Matplotlib是Python中最受欢迎的绘图库之一，可以绘制各种类型的图表，包括线图、柱状图、散点图等。
- Seaborn：Seaborn是一个基于Matplotlib的高级数据可视化库，提供了更加丰富的绘图选项和美观的默认样式。
- Plotly：Plotly是一个交互式数据可视化库，支持绘制多种类型的图表，并提供在线共享和嵌入的功能。
- Bokeh：Bokeh是一个专门用于Web应用程序的交互式可视化库，支持绘制各种类型的图表，并提供自定义工具和控件。
- ggplot：ggplot是一个基于R语言中的ggplot2 的Python数据可视化库，提供类似于ggplot2 的语法和设计风格。

要安装这些库，可以使用pip（Python的包管理器）在命令行中执行以下命令：

```
pip install matplotlib seaborn plotly bokeh ggplot pandas
```

通过执行上述命令，可自动下载和安装所需的库及其依赖项，在Windows平台安装如图 2-30 所示。

请注意，在安装这些库之前，请确保已经安装好Python环境，并配置好相应的路径和环境变量。

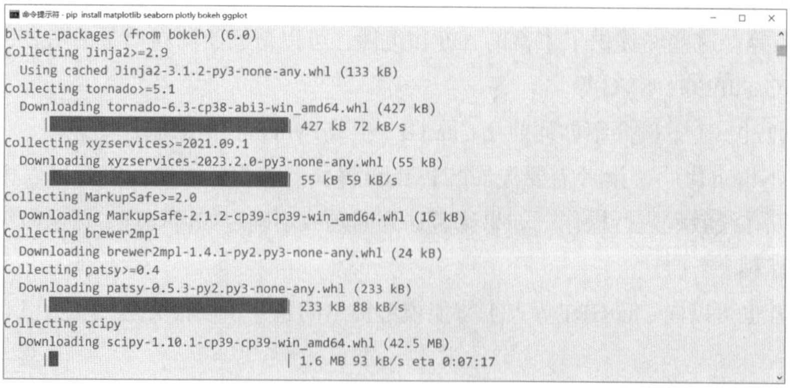

```
命令提示符 - pip install matplotlib seaborn plotly bokeh ggplot
b\site-packages (from bokeh) (6.0)
Collecting Jinja2>=2.9
  Using cached Jinja2-3.1.2-py3-none-any.whl (133 kB)
Collecting tornado>=5.1
  Downloading tornado-6.3-cp38-abi3-win_amd64.whl (427 kB)
     |████████████████████████████████| 427 kB 72 kB/s
Collecting xyzservices>=2021.09.1
  Downloading xyzservices-2023.2.0-py3-none-any.whl (55 kB)
     |████████████████████████████████| 55 kB 59 kB/s
Collecting MarkupSafe>=2.0
  Downloading MarkupSafe-2.1.2-cp39-cp39-win_amd64.whl (16 kB)
Collecting brewer2mpl
  Downloading brewer2mpl-1.4.1-py2.py3-none-any.whl (24 kB)
Collecting patsy>=0.4
  Downloading patsy-0.5.3-py2.py3-none-any.whl (233 kB)
     |████████████████████████████████| 233 kB 88 kB/s
Collecting scipy
  Downloading scipy-1.10.1-cp39-cp39-win_amd64.whl (42.5 MB)
     |█                               | 1.6 MB 93 kB/s eta 0:07:17
```

图 2-30　安装Python图表库

第 2 步如下。

然后让ChatGPT生成Python代码，向ChatGPT发送如下请求消息。

帮我使用Python绘制成折线图，使用Matplotlib库，数据来自“系统性能指标的表.csv”文件，采用GBK编码，字段：系统性能指标的表自动日期,CPU利用率(%),内存使用(MB),网络延迟(ms),响应时间(ms)，注意中文显示问题。

上述指令包含了如下几个层面的问题，请读者注意以下几个问题。

（1）指定使用什么样的编程语言？

（2）指定生成什么样的图？

（3）指定数据的来源、文件的格式、字符集和包含字段等信息。

（4）处理图表中的中文显示问题。

ChatGPT的回答如下。

```
import pandas as pd
import matplotlib.pyplot as plt
from matplotlib.font_manager import FontProperties

df = pd.read_csv('系统性能指标的表.csv', encoding='gbk')

font = FontProperties(fname='SimHei.ttf', size=12)
plt.rcParams['font.family'] = ['SimHei']

x = df['日期']
y1 = df['CPU利用率(%)']
y2 = df['内存使用(MB)']
y3 = df['网络延迟(ms)']
y4 = df['响应时间(ms)']

plt.plot(x, y1, label='CPU利用率(%)')
plt.plot(x, y2, label='内存使用(MB)')
plt.plot(x, y3, label='网络延迟(ms)')
plt.plot(x, y4, label='响应时间(ms)')

plt.title('系统性能指标', fontproperties=font)
plt.xlabel('日期', fontproperties=font)
plt.ylabel('数值', fontproperties=font)

plt.legend()
plt.show()
```

读者把上述代码保存为.py文件后，就可以运行了。

由于每个人的计算机环境都可能存在差异，因此在运行程序时，可能会遇到各种问题和异常情况。

笔者运行的结果如图 2-31 所示，没有显示。

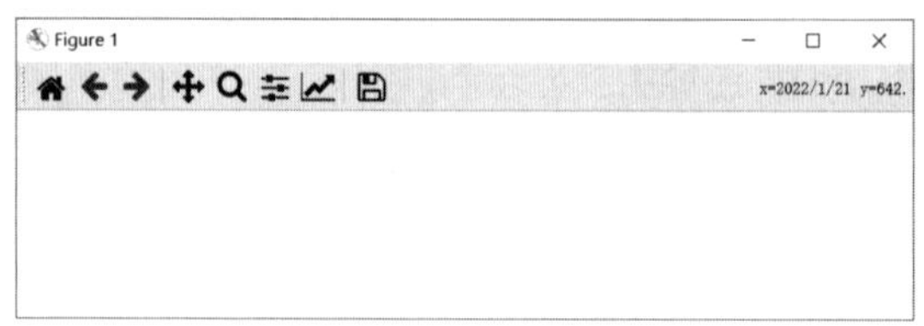

图 2-31　第 1 次运行结果

查看日志，发现如下问题。

```
Traceback (most recent call last):
  File
    return ft2font.FT2Font(
FileNotFoundError: [Errno 2] No such file or directory: '… \\代码\\ch3\\
SimHei.ttf'
```

该问题明显是由于字符集或字符字体文件无法找到而导致。我们可以自己进行修改，也可以请 ChatGPT 协助解决。

如果让 ChatGPT 帮我们解决，可以发出如下指令。

上述代码运行时出现了如下错误，请帮我修正，SimHei.ttf文件位于c:\windows\fonts目录下。

```
Traceback (most recent call last):
  File
    return ft2font.FT2Font(
FileNotFoundError: [Errno 2] No such file or directory: '…
\\代码\\ch3\\SimHei.ttf'
```

ChatGPT 的回答如下。

```
from matplotlib.font_manager import FontProperties
font_path = 'C:/Windows/Fonts/SimHei.ttf'
font = FontProperties(fname=font_path, size=12)
```

根据该提示修改上面的代码，再次运行，结果如图 2-32 所示。从图中可以看出，还存在一些问题，比如日期轴（x 轴）上的日期标签过于拥挤。不过这些问题都可以自己进行修改或请求 ChatGPT 进行协助来解决。

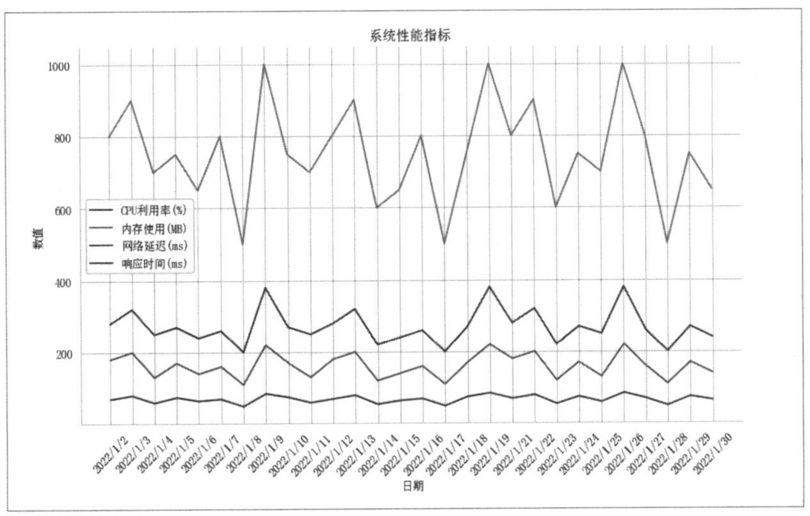

图 2-32　第 2 次运行结果

如果读者还想使用其他的绘图库，如Seaborn库，可以将上面的指令修改一下，向ChatGPT发送如下请求消息。

帮我使用Python绘制成折线图，使用Seaborn库，数据来自"系统性能指标的表.csv"文件，采用GBK编码，字段：系统性能指标的表自动日期,CPU利用率(%),内存使用(MB),网络延迟(ms),响应时间(ms)，注意中文显示问题。

ChatGPT的回答如下。

```
import pandas as pd
import seaborn as sns
import matplotlib.pyplot as plt
from matplotlib.font_manager import FontProperties

df = pd.read_csv('系统性能指标的表.csv', encoding='gbk')

# 设置中文字体
font = FontProperties(fname=r"C:\Windows\Fonts\simsun.ttc", size=12)

sns.set_style("whitegrid")
sns.lineplot(data=df, x="日期", y="CPU利用率(%)", label="CPU利用率(%)")
sns.lineplot(data=df, x="日期", y="内存使用(MB)", label="内存使用(MB)")
sns.lineplot(data=df, x="日期", y="网络延迟(ms)", label="网络延迟(ms)")
sns.lineplot(data=df, x="日期", y="响应时间(ms)", label="响应时间(ms)")

sns.despine()
```

```
# 修改标签字体
plt.rcParams['font.sans-serif'] = [font.get_name()]
plt.rcParams['axes.unicode_minus'] = False

# 设置图表标题和轴标签
plt.title('系统性能指标')
plt.xlabel('日期')
plt.ylabel('数值')

# 显示图表
plt.show()
```

读者把上述代码保存为.py文件后，就可以运行了，结果如图 2-33 所示。

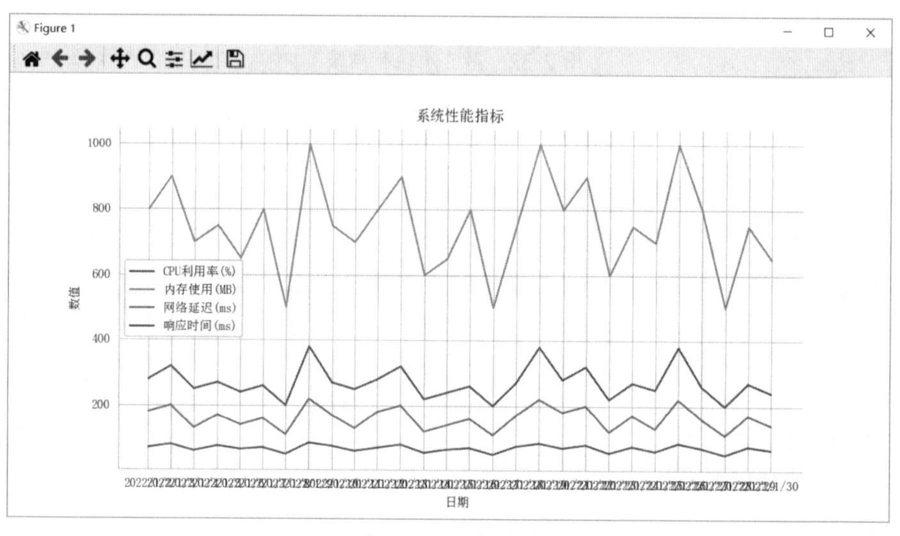

图 2-33 运行结果

使用ChatGPT生成代码时，可能会出现一些问题。这就需要读者自己进行调试，同时也需要ChatGPT不断地修改代码。因此，这个过程需要读者与ChatGPT进行多次交流，反复修改和细化代码，直至问题解决为止。

2.6 本章总结

在本章中，我们介绍了如何辅助编写技术文档模板，包括文档结构、内容要点和附录等方面的内容。同时介绍了使用ChatGPT制作文档的相关技巧，包括Markdown格式、思维导图、表格和图表等。这些技巧能够帮助我们更加高效地编写技术文档，提高文档的可读性和可理解性。通过实操练习，我们可以更好地掌握这些技巧，并在实际工作中应用它们。此外，我们总结了本章的重点内容，希望能够对读者有所帮助。

第3章

如何使用 ChatGPT 辅助进行需求分析

由于在上一章中已经介绍了如何编写文档，因此本章将重点从以下几个角度介绍使用ChatGPT辅助进行需求分析：收集用户需求、确定系统功能、确定业务流程、绘制用例图、撰写需求文档等。

在软件开发的过程中，需求分析是非常重要的一环。其目的是通过对用户需求和系统功能进行深入研究和分析，确定系统的需求和规格说明，为接下来的系统设计、开发和测试工作提供基础依据。

具体而言，需求分析包括以下几个方面。

（1）收集用户需求：通过与用户沟通交流、访谈调查、问卷调查等方式收集用户需求，并将其整理成清晰具体的需求列表。

（2）确定系统功能：根据用户需求和预期系统目标，确定系统应该具备哪些功能，并将这些功能进一步细化和归类。

（3）确定业务流程：分析和描述系统涉及的业务流程，包括各种输入、输出、数据流转、流程控制等方面。

（4）绘制用例图：使用UML等建模语言，制定用例图来表示系统的功能需求和用户行。

（5）撰写需求文档：通过撰写需求规格说明书等文档，明确系统需求和约束条件，为后续的设计和开发工作提供准确清晰的要求。

重点

需要注意的是，在需求分析的过程中，要注重与用户的沟通、理解和协商，以确保系统能够真正满足用户的期望和需求。同时，还要考虑系统的可行性、可靠性和安全性等方面，制定合理有效的规格说明，为软件开发的顺利进行奠定基础。

3.1 使用ChatGPT辅助收集用户需求

在需求收集阶段，ChatGPT可以协助设计者完成采访问题设计、自动记录和整理访谈内容、汇总问卷调查结果及需求整理和归纳等任务。具体而言，ChatGPT可以实现以下几个方面的功能。

（1）协助采访问题设计：设计者描述访谈主题和目的，ChatGPT可以推荐一系列采访提问或问卷题目，供设计者选择和调整使用。这可以省去人工独立设计所有提问内容的工作量。

（2）自动记录和整理访谈内容：设计者进行现场访谈时，可以将访谈录音或笔记与ChatGPT共享，ChatGPT使用NLP技术自动理解和提取访谈中涉及的需求信息，生成规范的需求列表，便于后续审阅和确认。这简化了手工逐条记录和提取需求的难度。

（3）汇总问卷调查结果：设计者设置网上问卷后，提交问卷记录会实时呈现在ChatGPT中。ChatGPT可以自动分析问题结果，识别出主要的需求趋势和热点，生成清晰的需求报告，辅助设计者快速了解问卷反馈的需求信息。这提高了问卷数据分析的效率和质量。

（4）需求整理和归纳：设计者在收集到初步需求信息后，可以上传至ChatGPT。ChatGPT自动对需求信息进行过滤、分类、归纳和优先级划分，生成一份清晰、规范的需求列表，以供设计者审阅和确认。这缩短了人工梳理大量需求信息的时间，增加了需求管理的准确性。

综上，ChatGPT 作为一种有力的辅助工具，能够自动完成部分需求信息的采集、分析与管理工作，生成清晰的需求成果，辅助设计者快速审阅与确认需求，提高了需求收集的质量和效率。但最终的需求确认仍需要人工判断，在此阶段人机协作模式发挥了重要作用。

3.1.1 案例1：××运动管理App协助采访提问设计

下面通过××运动管理 App 协助采访提问设计案例，介绍如何使用 ChatGPT 帮助我们完成收集用户需求任务。

动手示例

向 ChatGPT 发送如下请求消息。

我们要访问潜在用户，了解他们对新公司运动管理 App 的需求。请为访问推荐一系列提问。

ChatGPT 的回答如下。

以下是一些可能的问题，可供参考。

（1）您目前是否使用任何运动管理 App？如果有，请分享您最喜欢和最不喜欢的功能。

（2）对于一个全新的运动管理 App，您最希望它能够提供哪些功能和服务？

（3）您通常需要哪些数据来衡量您的运动表现和进步？例如，步数、卡路里消耗、心率、睡眠质量等。

（4）您觉得运动管理 App 对身体健康有哪些积极作用？

（5）您是否愿意与其他用户互动、分享您的运动历程和成果，并从中获得社交支持和鼓励？

（6）您觉得 App 应该如何提供个性化推荐和建议，以适应您的运动习惯和偏好？

（7）在界面设计方面，您更喜欢简约清晰的风格还是华丽多彩的风格？

（8）如果该 App 可以将您的运动数据自动同步到其他健身设备（如智能手环、跑步机等）上，您会选择使用吗？

（9）对于这种类型的 App，您支持采用哪些方式获取收入？例如，广告、订阅、数据销售等。

（10）您认为该 App 在保护用户隐私方面应该采取哪些措施？例如，匿名化数据、加密通信等。

这些问题可以帮助设计者了解潜在用户对运动管理 App 的需求和期望，为后续的需求分析和产品设计提供参考。同时，设计者还可以根据实际情况调整和增减问题，以满足特定需求。

3.1.2 案例2：××运动管理App汇总问卷调查结果

下面再来介绍一个案例。

动手示例

向ChatGPT发送如下请求消息。

我们针对新公司运动管理App设置了网上问卷，已经收到200份问卷反馈。请分析问卷结果并生成需求报告。

ChatGPT的回答如下。

好的，请将200份问卷反馈数据提供给我。我将自动分析问题结果，识别需求趋势与热点，并生成清晰的需求报告，供设计者确认。

在系统生成分析报告过程中，设计者需要将问卷数据上传至ChatGPT，包括每道题目的选项分布与用户回答搭配情况等。ChatGPT将自动分类整理数据，生成清晰易读的报告供设计者下载与使用。这个过程不再赘述。

可见，使用ChatGPT有效降低了设计者手工输入、分类与汇总海量问卷数据的难度，提高了问卷结果分析的效率。但报告结果的准确性与可靠性仍需设计者判断与验证。

3.1.3 汇总问卷调查结果使用图表

对于汇总的问卷调查结果，可以使用各种图表来帮助分析和呈现数据。以下是一些常见的图表类型。

（1）柱状图：适合表示不同选项的选择频率或得分情况。例如，可以用柱状图呈现每个选项的选择人数或占比。

（2）饼图：适合表示各类选项的相对比例。例如，在多选题中，可以用饼图呈现每个选项的选择人数或占比。

（3）折线图：适合表示随时间变化的趋势。例如，在满意度调查中，可以用折线图呈现不同时间点的满意度得分情况。

（4）热力图：适合表示多维度数据之间的相关性和关系。例如，在对产品进行评价时，可以将不同项目的满意度等多个指标用热力图呈现，以便快速了解它们之间的相关性和影响。

（5）散点图：适合表示两个变量之间的关系。例如，在评估用户对某个产品的使用体验时，可以将用户评分和使用时间用散点图表示出来，以便发现它们之间的相关性和规律。

根据实际情况，可以选择最适合的图表类型，并通过可视化的方式呈现调查结果，以便更好地理解和分析数据。同时，在设计图表时还需要注意数据的准确性、完整性和可读性，并遵循数据可视化的基本原则。

3.1.4 案例3：将××运动管理App汇总问卷调查结果绘制成饼状图

接下来，我们将通过一个案例介绍如何利用具体的调查结果制作饼状图。假设3.1.2节的调查结果如图3-1所示。

结果	人数	占比
是(使用运动App)	152人	76%
否(不使用运动App)	48人	24%
总人数	200人	100%

图3-1　运动管理App汇总问卷调查结果

返回的Markdown代码如下。

```
|         结果          | 人数   | 占比   |
| :-------------: | :---: | :--: |
|  是(使用运动App)  | 152人 | 76%  |
| 否(不使用运动App) | 48人  | 24%  |
|        总人数         | 200人 | 100% |
```

为了将这个表格导入Excel，我们需要先将这个Markdown表格转换成CSV格式。

我们向ChatGPT发送如下请求消息。

请将如下的Markdown表格转换为CSV表格：

```
|         结果          | 人数   | 占比   |
| :---------------: | :---: | :--: |
|  是(使用运动App)  | 152人 | 76%  |
| 否(不使用运动App)| 48人  | 24%  |
|        总人数         | 200人 | 100% |
```

ChatGPT的回答如下。

以下是将Markdown表格转换为CSV表格的结果：

```
结果，人数，占比
是(使用运动App)，152人，76%
否(不使用运动App)，48人，24%
总人数，200人，100%
```

我们将上面的CSV表格文本复制出来，并保存成CSV文件，然后用Excel打开。图3-2所示为只选中“结果”和“占比”列，“人数”行不要选中。然后参考2.5.1小节插入饼状图，如图3-3所示，读者可以在这里改变图表的样式，具体过程不再赘述。最后，笔者生成的饼状图如图 3-4 所示。

图 3-2 选中数据

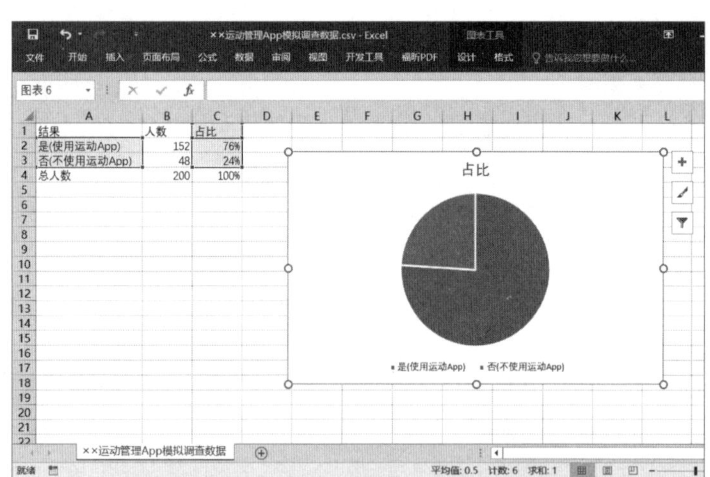

图 3-3 生成饼状图

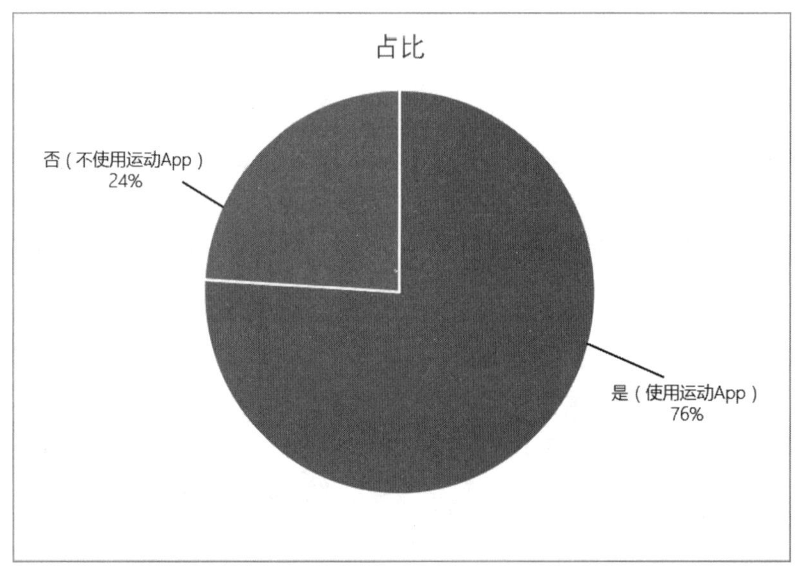

图 3-4 最后生成的饼状图

3.2 使用ChatGPT辅助确定系统功能

使用ChatGPT协助设计者确定系统功能，主要包括以下几个流程。

（1）确认系统目标：首先需要明确系统的目标和用途。设计者可以向ChatGPT描述系统的基本功能和应用场景，以便ChatGPT能够更好地理解系统的需求。

（2）自动提出候选功能：ChatGPT根据设计者的描述自动生成一份候选功能列表，这些功能可涉及用户界面、数据处理、通信、安全性等多个方面。

（3）排序和过滤功能：ChatGPT可以根据不同的评价指标，如重要性、可行性、紧急性等，对候选功能进行排序和过滤，以便设计者能够更清晰地了解哪些功能是最核心的和最优先实现的。

（4）生成系统功能文档：ChatGPT根据排好序的候选功能，自动生成一份系统功能文档，其中包括每个功能的描述、实现方式、优先级、风险评估等信息，以供设计者审阅和参考。

（5）需求迭代和调整：设计者可以根据实际情况对系统功能文档进行迭代和调整，如增减某些功能、修改优先级等，以更好地满足实际需求。

通过以上流程，ChatGPT可以协助设计者快速生成一份规范、全面的系统功能文档，从而更好地理解和满足用户需求。但是，最终的需求确认和调整仍需要人工判断和审定。

3.2.1 案例4：××旅游景点推荐系统

下面通过××旅游景点推荐系统案例，介绍如何使用ChatGPT辅助确定系统功能。

动手示例

向ChatGPT发送如下请求消息。

我们要设计一个旅游景点推荐系统，主要面向自助游旅客使用。请为此系统生成初步功能列表。

ChatGPT的回答如下。

根据系统目标，这里生成的初步功能列表可以包括以下几个方面。

（1）景点信息发布：提供景点名称、图片、地址、开放时间等基本信息发布功能。

（2）景点分类目录：将景点按类别、主题、区域等维度进行分类和目录化，方便用户检索。

（3）景点推荐：根据用户旅游时间、兴趣偏好、浏览历史等信息进行个性化景点推荐。

（4）景点评论：提供景点点评、打分、照片上传等功能，收集用户对景点的评价与体验。

（5）旅游交通：提供景点周边交通信息查询，包括公交、地铁、出租车等信息。

（6）相关服务：提供景点周边餐饮、住宿、娱乐等相关服务信息查询。

（7）行程规划：根据用户选择的景点提供一日游或多日游行程规划与建议。

（8）预订服务：提供景点门票预订与交通工具预订服务，方便用户出行。

请设计者对上面的初步功能列表进行评审，并提出修改或补充建议。ChatGPT将更新列表并生成相应的功能描述与文档。

3.2.2 案例5：××二手书交易系统

下面通过××二手书交易系统案例，介绍如何使用ChatGPT辅助确定系统功能。

动手示例

向ChatGPT发送如下请求消息。

我们要开发一个二手书交易系统，请为此系统生成一份详细的功能需求文档。

ChatGPT的回答如下。

（1）用户管理：提供用户注册登录、信息管理等功能。

（2）书籍管理：提供书籍信息发布修改、图片上传、分类目录、检索等功能。

（3）交易管理：提供书籍上架、下架、购买、评价、支付等交易处理功能。

（4）订单管理：提供订单建立、查询、修改、取消、售后等功能。

（5）库存管理：提供书籍入库、出库、库存盘点与库存预警等功能。

（6）物流管理：提供快递信息录入、运费计算、物流跟踪查询等功能。

以上就是二手书交易系统的详细功能需求文档。每个功能会在文档中详细描述实现方式、优先级、预估工作量等信息，供设计与开发团队参考。

设计者可以根据实际需要对此文档进行评审、修改与确认。

3.3 确定系统功能

确定系统功能是需求分析的核心工作之一，以下是确定系统功能的一些关键步骤。

（1）收集业务需求：了解用户和利益相关者对系统的需求和期望。

（2）分析业务过程：分析用户需求和业务流程，洞察其中的隐含需求，并确定系统应该满足的具体功能。

（3）确认功能优先级：根据用户的重要需求和优先级，确定系统功能的开发顺序和实现优先级。

（4）细化功能需求：进一步细化每个功能的详细需求和规格，包括输入、输出、处理和控制等方面。

（5）验证需求：确保系统功能需求的合理性、正确性和完整性，同时评估其可行性、可靠性和安全性等。

需要注意的是，在确定系统功能时，需要与相关人员和部门进行充分的沟通和协调，如业务专家、IT专家、管理人员等，以便能够获得全面的信息和更好的结果。同时还需要考虑系统功能的交互、用户体验和可扩展性等问题。

3.3.1 什么是用例图

确定系统功能通常使用用例图（use case diagram）和功能流程图等图表，其中用例图是最主要的图表。用例图展示了系统与外界之间的交互，并说明了用户可以使用系统进行哪些操作。而功能流程图则展现了系统中各个功能的执行过程和相互关系，有助于理解系统内部的工作流程。用例图通常用椭圆形表示用例、矩形表示系统边界和参与者、箭头表示关系等元素构成，图3-5所示是一个用户管理的用例图。

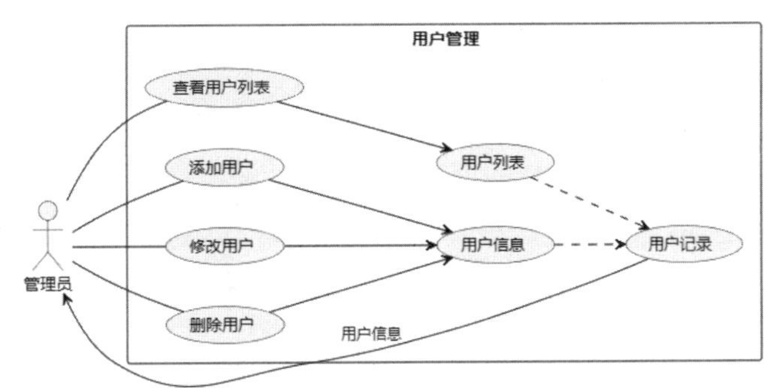

图3-5　用户管理用例图

3.3.2 PlantUML语言

手动绘制用例图的工具有很多，笔者推荐使用PlantUML描述语言来绘制用例图。PlantUML是一种使用简单文本描述来生成UML图形的工具。它使用一种基于代码的语言，通过文本输入来定义和描述UML图形元素，包括类、对象、关系、活动、用例等。

以下是PlantUML中常见的语言元素。

（1）Class：表示一个类，关键字为"class"，可以指定类名和属性列表。

（2）Object：表示一个对象，关键字为"object"，可以指定对象名称和类型。

（3）Relationship：表示类或对象之间的关系，包括继承、实现、关联、聚合、组合等。

（4）Use case：表示一个用例，关键字为"usecase"，可以指定用例名称和描述。

（5）Activity：表示一个活动，关键字为"activity"，可以指定活动名称和描述。

（6）Comment：表示注释，使用单引号（'）或双斜杠（//）作为注释符号。

PlantUML的描述语言是基于代码的语言，所以能够由ChatGPT生成和修改。

以下是编写PlantUML代码的基本步骤。

（1）选择一个编辑器：可以使用任何文本编辑器或集成开发环境（IDE）来编写PlantUML代码。建议使用支持PlantUML扩展的编辑器，如VS Code、Sublime Text、Atom等。

（2）编写PlantUML代码：在编辑器中创建新文件，并使用PlantUML语言标记来定义UML图形元素，如类、对象、关系、活动、用例等。可以通过PlantUML官方文档或示例进行参考和学习。

（3）导出UML图形：保存PlantUML代码文件，并将其导入PlantUML工具，生成对应的UML图形。可以使用PlantUML命令行工具、在线网站、插件等方式进行导出。

例如，下面的代码是一个简单的PlantUML类图示例，展示了如何创建Animal类和Dog类，并建立继承关系。它的预览结果如图3-6所示。

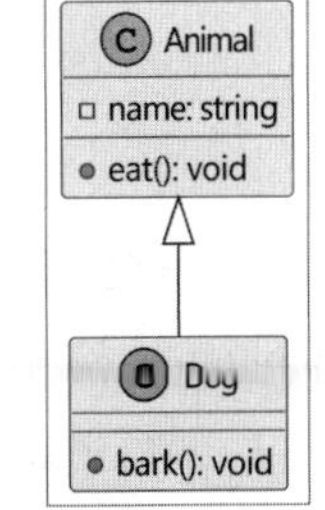

图3-6　PlantUML类图

```
@startuml
```

```
class Animal {
  - name:  string
  + eat():  void
}

class Dog extends Animal {
  + bark():  void
}
@enduml
```

下面将重点介绍在VS Code工具中如何编写和预览PlantUML语言来生成UML图表。下面是在VS Code中编写PlantUML的步骤。

（1）安装PlantUML扩展：打开VS Code，单击左侧侧边栏上的扩展图标，搜索PlantUML扩展并安装，如图3-7所示。

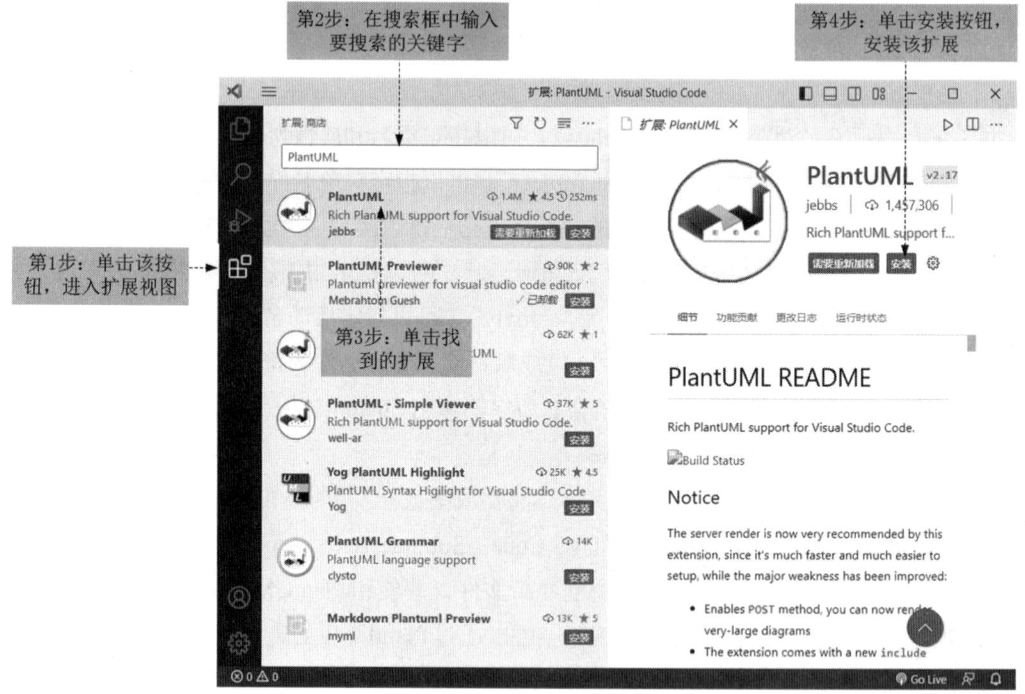

图3-7　安装PlantUML扩展

（2）创建PlantUML文件：在VS Code中创建一个新文件，将文件名后缀更改为.puml或.plantuml，这样VS Code会自动关联PlantUML语言。

（3）编写PlantUML代码：在新文件中编写PlantUML代码，保存文件，如图3-8所示。

（4）在VS Code中预览图形：按组合键“Ctrl+Shift+P”，在命令面板中输入“PlantUML”，选择“Preview Current Diagram”，在VS Code中查看生成的图形，如图3-9所示。

（5）导出UML图形：如果需要导出UML图形，可以使用PlantUML官方提供的命令行工具，或者使用VS Code的其他扩展进行导出，也可以在预览窗口中单击⧉按钮，将图片复制到剪贴板，然后再把它粘贴到任何想放置的方法即可。图3-10所示是笔者最后导出的图片。

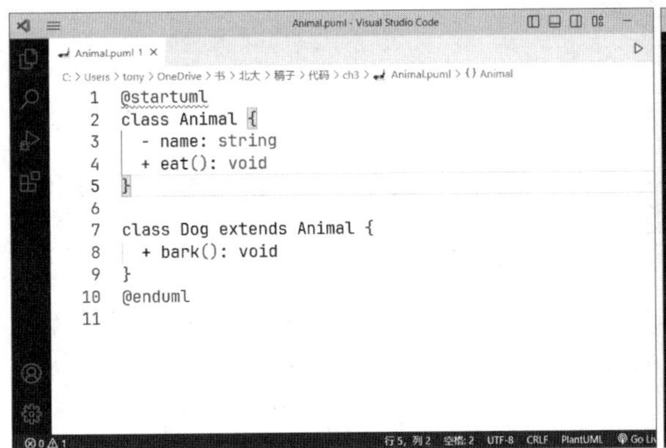

图3-8　保存PlantUML文件

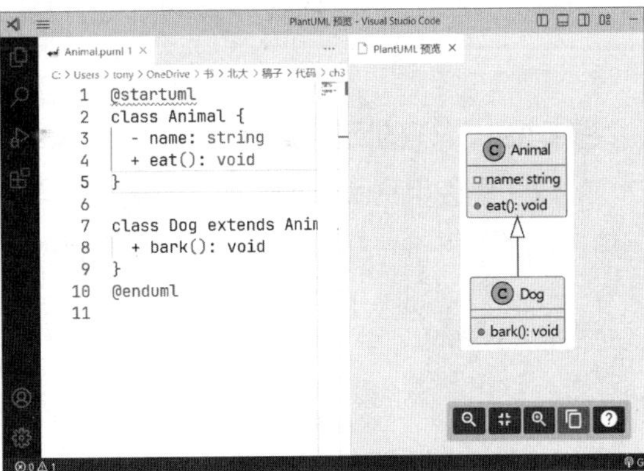

图3-9　预览图形

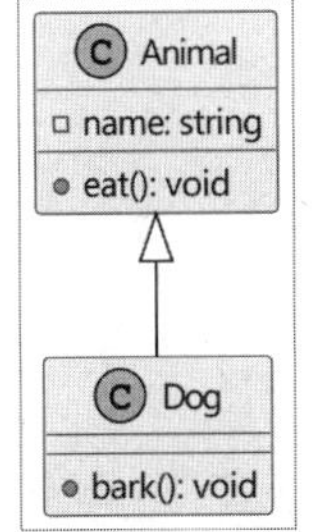

图3-10　最后导出的图片

重点

有关PlantUML语言的等更多语法，读者可以在https://plantuml.com/zh/guide下载。

3.3.3 案例6：绘制××二手书交易系统用例图

ChatGPT与PlantUML结合之后可以生成各种UML图表。本小节以绘制××二手书交易系统用例图为例，介绍如何使用ChatGPT生成PlantUML语言描述的用例图。

动手示例

向ChatGPT发送如下请求消息。

确定系统功能如下，使用PlantUML语言帮助我绘制用例图。

（1）用户管理：提供用户注册登录、信息管理等功能。

（2）书籍管理：提供书籍信息发布修改、图片上传、分类目录、检索等功能。

（3）交易管理：提供书籍上架、下架、购买、评价、支付等交易处理功能。

（4）订单管理：提供订单建立、查询、修改、取消、售后等功能。

（5）库存管理：提供书籍入库、出库、库存盘点与库存预警等功能。

（6）物流管理：提供快递信息录入、运费计算、物流跟踪查询等功能。

以上就是二手书交易系统的详细功能需求文档。每个功能会在文档中详细描述实现方式、优先级、预估工作量等信息，供设计与开发团队参考。

ChatGPT的回答如下。

以下是使用PlantUML语言绘制的二手书交易系统用例图，展示了系统的基本功能和用户角色：

```
@startuml
left to right direction

actor 用户 as user

rectangle "用户管理" {
  usecase 登录 as UC1
  usecase 注册 as UC2
  usecase 信息管理 as UC3
}

rectangle "书籍管理" {
  usecase 信息发布修改 as UC4
  usecase 图片上传 as UC5
  usecase 分类目录 as UC6
  usecase 检索 as UC7
}

rectangle "交易管理" {
  usecase 上架 as UC8
  usecase 下架 as UC9
  usecase 购买 as UC10
  usecase 评价 as UC11
  usecase 支付 as UC12
}

rectangle "订单管理" {
  usecase 建立 as UC13
  usecase 查询 as UC14
  usecase 修改 as UC15
```

```
  usecase 取消 as UC16
  usecase 售后 as UC17
}

rectangle "库存管理" {
  usecase 入库 as UC18
  usecase 出库 as UC19
  usecase 盘点 as UC20
  usecase 预警 as UC21
}

rectangle "物流管理" {
  usecase 快递信息录入 as UC22
  usecase 运费计算 as UC23
  usecase 物流跟踪查询 as UC24
}

user --> UC1
user --> UC2
user --> UC3
user --> UC4
user --> UC5
user --> UC6
user --> UC7
user --> UC8
user --> UC9
user --> UC10
user --> UC11
user --> UC12
user --> UC13
user --> UC14
user --> UC15
user --> UC16
user --> UC17
user --> UC18
user --> UC19
user --> UC20
user --> UC21
user --> UC22
user --> UC23
```

```
user --> UC24

@enduml
```

该图表明了系统的六大功能模块及用户与用例之间的关系。通过PlantUML语言描述，很容易地绘制出清晰的用例图，帮助团队更好地理解和实现系统需求。

将上述PlantUML代码保存后，预览导出图片，由于这个模块用例图特别大，为了给大家演示，笔者只绘制了书籍管理和订单管理模块，如图3-11所示。

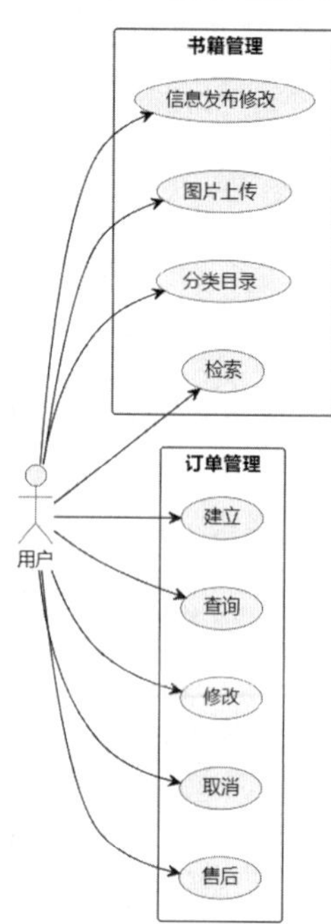

图3-11 书籍管理和订单管理模块用例图

3.4 确定业务流程

在需求分析中，确定业务流程是非常重要的一步。以下是确定业务流程的一些关键步骤。

（1）确定业务目标：明确业务的目标和范围。

（2）收集信息：收集与业务相关的信息，并进行分类和整理。

（3）描绘业务过程：根据收集到的信息，使用活动图等工具来描绘业务过程，包括各个步骤、角色和资源等内容。

（4）评估和优化：对业务流程进行评估和分析，发现问题并提出改进措施。

（5）确定需求：基于确定的业务流程，确定系统或软件的需求，包括功能需求和非功能需求，并进行详细描述和规划。

需要注意的是，在确定业务流程时，应该与相关人员和部门合作，如业务专家、IT专家、管理人员等，以便能够获得全面的信息和更好的结果。同时还需要考虑业务流程的可行性、效率和安全性等问题。

3.4.1 活动图

业务流程表达中最重要的图表，毫无疑问是活动图(Activity Diagram)。

活动图是一种UML（Unified Modeling Language，统一建模语言）的图形化表示方法，用于描述系统、业务或软件的流程和操作。活动图使用矩形、箭头和菱形等符号来表示活动、转移和决策，并提供了一种直观易懂的方法来描述系统或流程中各个步骤之间的关系和流动。活动图常用于业务过程建模、需求分析和软件设计等领域。

活动图用于描述业务流程中的详细活动（步骤）及这些活动之间的执行顺序和逻辑关系。它直

观地表达了业务流程的全部过程与要素，是理解业务流程最关键的工具。主要特点如下。

（1）直观表达流程：活动图以简单易懂的流程图形式表达业务流程，易于理解与交流。

（2）包含所有要素：活动图可以表达业务流程中的所有步骤、决策点、并行活动、循环等要素，全面定义业务逻辑。

（3）表达顺序：活动图能清晰地表达各个活动之间的先后顺序，定义业务流程的完整执行过程。

（4）易于更新：当业务流程需进行修改时，活动图较易进行更新，以适应新的业务逻辑与要求。

3.4.2 案例7：绘制××二手书交易系统活动图

ChatGPT与PlantUML结合之后也可以绘制活动图。本节以绘制××二手书交易系统活动图为例，介绍如何使用ChatGPT生成活动图。

动手示例

向ChatGPT发送如下请求消息。

确定系统功能如下，使用PlantUML语言帮助我绘制活动图。

（1）用户管理：提供用户注册登录、信息管理等功能。

（2）书籍管理：提供书籍信息发布修改、图片上传、分类目录、检索等功能。

（3）交易管理：提供书籍上架、下架、购买、评价、支付等交易处理功能。

（4）订单管理：提供订单建立、查询、修改、取消、售后等功能。

（5）库存管理：提供书籍入库、出库、库存盘点与库存预警等功能。

（6）物流管理：提供快递信息录入、运费计算、物流跟踪查询等功能。

以上就是二手书交易系统的详细功能需求文档。每个功能会在文档中详细描述实现方式、优先级、预估工作量等信息，供设计与开发团队参考。

ChatGPT的回答如下。

以下是使用PlantUML语言绘制的二手书交易系统的活动图：

```
@startuml
left to right direction

actor User
rectangle "用户管理" as UserManagement {
  User --> (注册)
  User --> (登录)
  User --> (信息管理)
```

```
}

rectangle "书籍管理" as BookManagement {
  User --> (发布书籍信息)
  User --> (修改书籍信息)
  User --> (上传书籍图片)
  User --> (分类目录)
  User --> (检索书籍信息)
}

rectangle "交易管理" as TransactionManagement {
  User --> (书籍上架)
  User --> (书籍下架)
  User --> (购买)
  User --> (评价)
  User --> (支付)
}

rectangle "订单管理" as OrderManagement {
  User --> (建立订单)
  User --> (查询订单)
  User --> (修改订单)
  User --> (取消订单)
  User --> (售后服务)
}

rectangle "库存管理" as InventoryManagement {
  User --> (入库)
  User --> (出库)
  User --> (库存盘点)
  User --> (库存预警)
}

rectangle "物流管理" as LogisticsManagement {
  User --> (快递信息录入)
  User --> (运费计算)
  User --> (物流跟踪查询)
}

@enduml
```

该活动图对应了需求文档中提到的六个系统功能，并用矩形表示每个功能，使用箭头表示用户与相应功能之间的关系。

将上述PlantUML代码保存后，预览导出图片，由于这个模块用例图特别大，为了给大家演示，笔者只绘制了书籍管理、订单管理和库存管理模块，如图 3-12 所示。

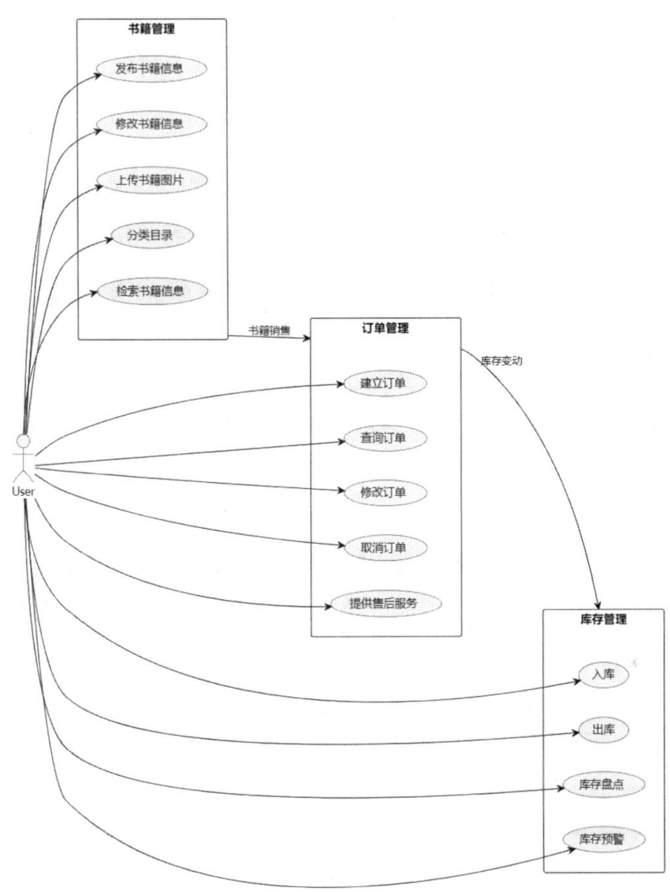

图 3-12　书籍管理、订单管理和库存管理模块活动图

3.5 无处不在的流程图

流程图是活动图的一种特例，广泛应用于软件开发和业务分析，以描述和说明系统、软件或业务过程。它通常用于以下几个阶段。

（1）需求分析阶段：在需求分析阶段，流程图主要用于描述业务流程和系统功能，并可视化展示不同模块之间的交互关系，以帮助团队更好地理解和分析需求。

（2）设计阶段：在设计阶段，流程图可以用于程序设计和架构设计，帮助开发人员理解系统或软件的运行逻辑，以及编写和调试代码。

（3）编码阶段：在编码阶段，流程图可以作为一种设计文档，供给开发人员参考，同时也可以供测试人员进行测试。

（4）测试阶段：在测试阶段，流程图可以作为测试用例或测试脚本，用于执行各种测试和重现问题。

（5）维护阶段：在维护阶段，流程图可以作为一种文档，对系统进行记录和审计，并保证其一致性和可追溯性。

总之，在软件开发过程中，流程图是一种非常有用的工具和技术，可以帮助开发团队更好地协作和沟通，提高工作效率，同时也可以保证程序质量和系统的稳定性。

3.5.1 案例8：绘制××二手书交易系统订单管理流程图

××二手书交易系统有7个模块，本小节重点介绍绘制订单管理模块流程图。

在我们绘制流程图之前，应该先梳理出订单管理流程，××二手书交易系统订单理流程如下。

（1）接收订单：顾客下单后，订单需要被提交到订单管理系统中。

（2）订单处理：订单管理系统会自动或手动分配订单给相应的部门或员工进行处理，如库存管理、物流、财务等。

（3）订单确认：在订单处理过程中，可能需要和顾客确认订单信息、付款情况或地址等细节。

（4）包装发货：订单处理完成后，商品根据订单详情被打包并发往目的地。

（5）物流追踪：在快递公司接收包裹后，订单状态需要更新并提供跟踪信息。

（6）确认收货：顾客收到包裹后，需要确认收货并对订单进行评价。

（7）退货处理：如果顾客需要退货，订单管理系统需要提供相应的退货流程，并进行相关记录和处理。

使用ChatGPT辅助绘制该流程图的过程如下。

动手示例

向ChatGPT发送如下请求消息。

用户管模块理业务流程如下：请使用PlantUML语言绘制的二手书交易系统的用户管理模块业务流程图。

（1）用户注册：用户可以在系统中注册账号，提供必要信息如用户名、密码、电子邮件等。

（2）账户验证：系统会向用户提供的电子邮件地址发送验证链接，用户需要单击链接以验证账户。

（3）登录：已注册并验证的用户可以使用用户名和密码登录到系统中。

（4）交易记录管理：系统会记录用户的交易历史，用户可以查看自己的交易记录。

（5）账户注销：用户可以选择注销账户，系统将删除其账户信息并清除与该用户相关的所有数据。

（6）安全管理：系统会采取措施保障用户的账户安全，如加密存储密码、限制登录尝试次

数等。

（7）交易记录管理：系统会记录用户的交易历史，用户可以查看自己的交易记录。

ChatGPT 的回答如下。

以下是使用 PlantUML 语言绘制的二手书交易系统用户管理流程图：

```
@startuml
start
:接收订单;
:订单处理;
if (需要确认订单信息?) then
  :订单确认;
endif

:包装发货;
:订单状态更新;
:提供物流跟踪;

:顾客确认收货;
if (需要退货?) then
  :退货处理;
  :相关记录与处理;
endif
stop
@enduml
```

图 3-13 用户管理模块业务流程图

保存上面的代码，然后预览该流程图，如图 3-13 所示。

在上面的例子中，使用了 PlantUML 的条件判断，用来判断业务流程。这个过程需要与 ChatGPT 不断交流和反复迭代，同时读者也需要了解一定的 PlantUML 语言，在生成代码时可能会出现一些错误，需要进行修改。

3.5.2 案例9：绘制××二手书交易系统用户管理流程图

本小节介绍绘制户管理模块流程图。

在我们绘制流程图之前，应该先梳理出用户管理流程，××二手书交易系统用户管理流程如下。

（1）用户注册：用户可以在系统中注册账号，提供必要信息如用户名、密码、电子邮件等。

（2）账户验证：系统会向用户提供的电子邮件地址发送验证链接，用户需要单击链接以验证账户。

（3）登录：已注册并验证的用户可以使用用户名和密码登录到系统中。

（4）个人信息管理：用户可以在系统中管理自己的个人信息，包括修改用户名、密码、电子邮件地址等。

（5）账户注销：用户可以选择注销账户，系统将删除其账户信息并清除与该用户相关的所有数据。

（6）安全管理：系统会采取措施保障用户的账户安全，如加密存储密码、限制登录尝试次数等。

（7）交易记录管理：系统会记录用户的交易历史，用户可以查看自己的交易记录。

使用ChatGPT辅助绘制该流程图的过程如下。

动手示例

向ChatGPT发送如下请求消息。

用户管模块理业务流程如下：请使用PlantUML语言绘制的二手书交易系统的用户管理模块业务流程图。

（1）用户注册：用户可以在系统中注册账号，提供必要信息如用户名、密码、电子邮件等。

（2）账户验证：系统会向用户提供的电子邮件地址发送验证链接，用户需要单击链接以验证账户。

（3）登录：已注册并验证的用户可以使用用户名和密码登录到系统中。

（4）交易记录管理：系统会记录用户的交易历史，用户可以查看自己的交易记录。

（5）账户注销：用户可以选择注销账户，系统将删除其账户信息并清除与该用户相关的所有数据。

（6）安全管理：系统会采取措施保障用户的账户安全，如加密存储密码、限制登录尝试次数等。

（7）交易记录管理：系统会记录用户的交易历史，用户可以查看自己的交易记录。

ChatGPT的回答如下。

以下是使用PlantUML语言绘制的二手书交易系统用户管理流程图：

```
@startuml
|交易记录管理|
start
:用户注册;
if (信息填写完整?) then
    :发送验证邮件;
    :用户单击验证链接;
    :激活用户账号;
    :设置登录密码;
    :密码加密存储;
else
```

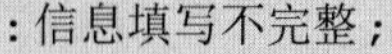

```
        :信息填写不完整;
        :请完善注册信息;
    endif

    :登录交易系统;
    if (用户名与密码正确\n &&账号已激活\
n &&未超出登录次数) then
        :选择用户角色;
        :用户查看交易历史;
    |账户注销|
        :确认注销账户;
        if (确认) then
            :删除用户信息;
            :清除相关交易数据;
        endif
    else
        :登录失败;
        :限制登录尝试;
    endif
    stop
    @enduml
```

保存上面的代码，然后预览该流程图，如图 3-14 所示。

在上面的例子中，使用了 PlantUML 的条件判断、循环等功能来精细描述业务流程。

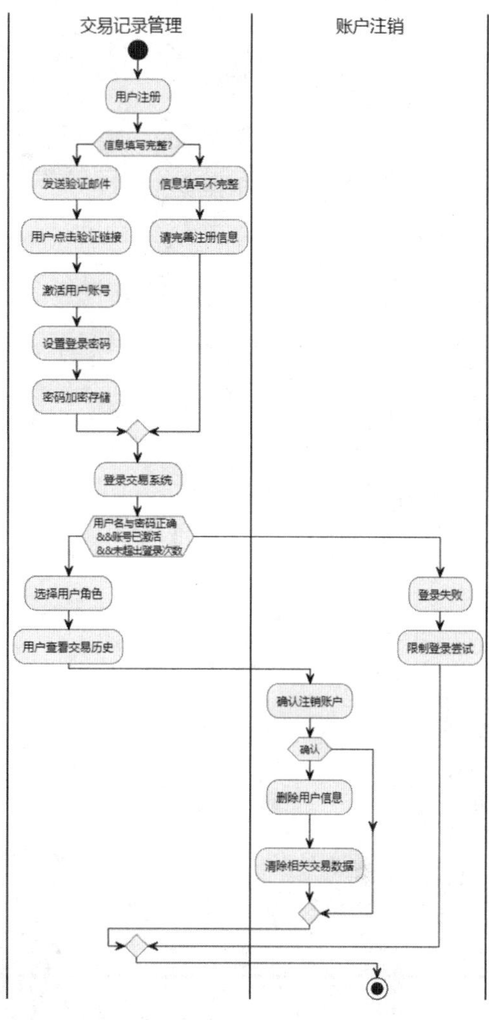

图 3-14　用户管理模块业务流程图

3.6 本章总结

本章介绍了如何使用 ChatGPT 辅助收集用户需求，确定系统功能和业务流程，以及绘制相应的图表。我们通过多个案例，对各种图表进行了详细介绍，并提供了动手实际操作来帮助读者掌握它们的应用。我们还介绍了用例图、活动图和流程图等工具，以帮助读者更好地分析问题并设计解决方案。本章的重点内容是各种图表的使用技巧，读者需要认真掌握这些技巧，以便在实际工作中取得更好的效果。最后，我们对本章的内容进行了总结，希望读者能够充分利用 ChatGPT 提供的功能来提高工作效率。

如何使用 ChatGPT 辅助进行系统设计

ChatGPT可以在许多方面为系统设计提供支持。在本章中，我们将从系统架构设计、原型设计、详细设计等方面介绍如何使用ChatGPT辅助进行系统设计。

4.1 使用ChatGPT辅助进行系统架构设计

系统架构设计是一项系统复杂的工程活动，使用ChatGPT辅助进行系统架构设计，可以大大提高架构师的工作效率。

4.1.1 系统架构设计

系统架构设计是一个抽象的概念，具体实施时的流行架构设计方案有以下几种。

（1）分层架构：最基本的架构方式，将系统划分为表现层、业务逻辑层、数据访问层等。目的是降低耦合，提高可扩展性和可维护性。

（2）微服务架构：将系统拆分为一组小服务，每个服务独立部署和扩展。可提高系统灵活性、可伸缩性和可维护性。

（3）事件驱动架构：基于事件通信的架构方式。通过消息传递实现组件协作，提高系统可扩展性、可靠性和响应性。

（4）领域驱动设计：注重业务领域建模，通过领域模型映射到软件系统，使系统更贴近业务需求，提高可理解性和可维护性。

4.1.2 分层架构设计

分层架构是一种常见的软件架构，并且被广泛应用于开发基于Web的应用程序。

分层架构设计是一种将软件系统划分为多个层次的设计模式，每一层完成特定的功能，层与层之间通过定义好的接口进行交互。它将软件系统的不同组成部分分组，提供更好的代码结构、代码的可读性和可维护性。通常，分层架构被分为三个主要层次：表示层（Presentation Layer）、业务逻辑层（Business Logic Layer）和数据访问层（Data Access Layer）。每个层次都有其独特的职责和功能，具体如下。

（1）表示层：负责与用户的交互，通常由代码处理用户输入和输出响应。在Web应用程序中，表示层通常由用户界面和后端控制器组成。

（2）业务逻辑层：负责处理应用程序的业务逻辑，通常涉及数据处理、规则检查和其他复杂的处理。业务逻辑层通过各种工具和API与表示层和数据访问层进行交互。

（3）数据访问层：实现应用程序与数据存储之间的交互，通常由数据访问对象（Data Access Object，DAO）或对象关系映射器（Object Relational Mapping，ORM）组成。

分层架构通常有利于降低系统的复杂性和维护难度。利用这种层次结构，每个层次都可以独立地进行开发和测试，对于设计和开发人员来说也更容易理解和管理。同时，使用分层架构还有助于保持代码的干净，且容易维护，可提高代码的重用性和灵活性，这在大型应用程序中尤为有用。

4.1.3 ChatGPT 如何辅助进行系统架构设计

可以通过以下几种方式辅助进行系统架构设计。

(1)提供架构设计相关知识和概念的解释。ChatGPT可以解释各种架构模式、设计原则、最佳实践等知识，帮助架构设计师理解不同的架构方式和思想。

(2)架构选型咨询和推荐。ChatGPT可以根据系统需求和技术选型，为架构设计提出架构方案或组件选型的建议和推荐。例如，推荐采用微服务架构、事件驱动架构等。

(3)验证和评审架构设计方案。架构设计师可以将初步的架构设计方案描述给ChatGPT，它可以从模块划分、技术选型、扩展性、性能、安全性等角度进行评审，并提出改进意见。这有助于优化架构设计方案。

(4)生成系统架构图和文档。ChatGPT 可以根据系统需求和架构设计方案自动生成相应的架构图，如部署架构图、模块架构图、微服务架构图等。它也可以生成较初步的架构设计文档。这可以减少架构设计师的工作量。

(5)提供代码生成能力。ChatGPT可以基于确定的架构设计方案，生成相应的框架代码、接口定义、配置文件等，为后续的开发工作提供支持。

综上，ChatGPT 可以通过丰富的软件工程和架构设计知识，结合自然语言处理能力，为系统架构设计提供全方位的支持和帮助。架构设计人员可以与 ChatGPT 对话，获取相关建议和自动生成内容，显著提高设计效率和质量。

4.1.4 案例1：图书管理系统架构设计

前面讲了很多理论和概念，下面我们通过一个案例，给大家介绍一个图书管理系统如何进行分层架构设计。

该图书管理系统的主要功能需求可以概括为以下几个方面。

1. 图书管理

(1)图书信息维护：添加、删除、修改图书基本信息，如书名、作者、分类、出版社等。

(2)图书状态管理：维护图书的藏书、借出、损毁等状态，并进行相应的状态变更处理。

(3)图书检索：支持按书名、作者、分类等多条件检索图书信息。

2. 读者管理

(1)读者信息维护：添加、删除、修改读者基本信息，如姓名、电话、邮箱等。

(2)读者分类：将读者分类为学生、教师、普通读者等，并设置对应的借阅权限。

3. 借阅管理

(1)借阅登记：登记读者借阅图书，生成借阅记录，更改图书状态为“借出”。

(2)续借管理：管理图书的续借申请及审批流程。

(3)还书操作：将借出图书的状态变更为“已还”，并更新相应的借阅记录。

(4)逾期提醒：定期检测是否有超过借期仍未还书的借阅记录，并通过邮件、短信等提醒读者。

4. 系统管理

（1）用户管理：管理后台用户及其权限，如超级管理员、普通管理员等。

（2）权限管理：按角色设置不同的操作权限，如书籍管理权限、读者管理权限等。

（3）系统日志：记录系统关键操作日志，如用户登录日志，图书/读者信息变更日志等。

（4）统计报表：提供图书借阅量、读者分类、热门图书等的统计报表。

5. Web 接口

（1）管理员接口：提供后台管理功能，如添加读者、上传新书、审核续借等。

（2）读者接口：提供图书检索、续借申请、个人信息维护等功能。

以上是图书管理系统的一般需求，实际系统中的功能会更加丰富和复杂。

“一图抵万言”，纯文本描述的内容看起来很麻烦，不太方便查看，所以我们可以使用用例图来展示系统的功能模块和交互关系，如图 4-1 所示。另外，还可以利用思维导图等辅助工具来更加清晰地展示系统架构设计的思路和流程，如图 4-2 所示。这些图的绘制方法不再赘述。

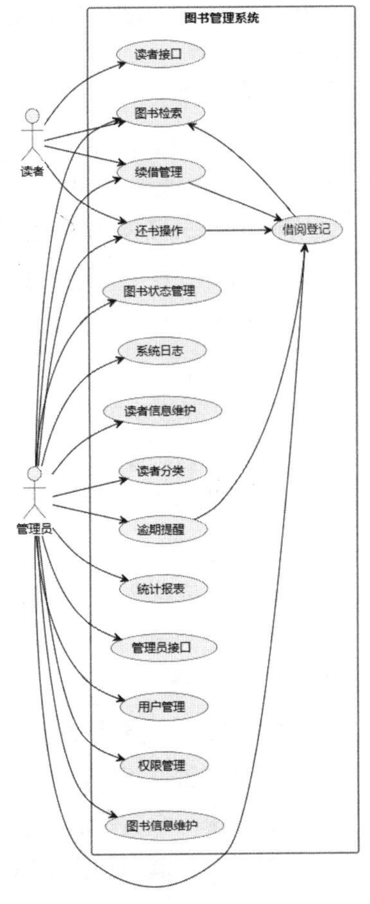

图 4-1　图书管理系统用例图

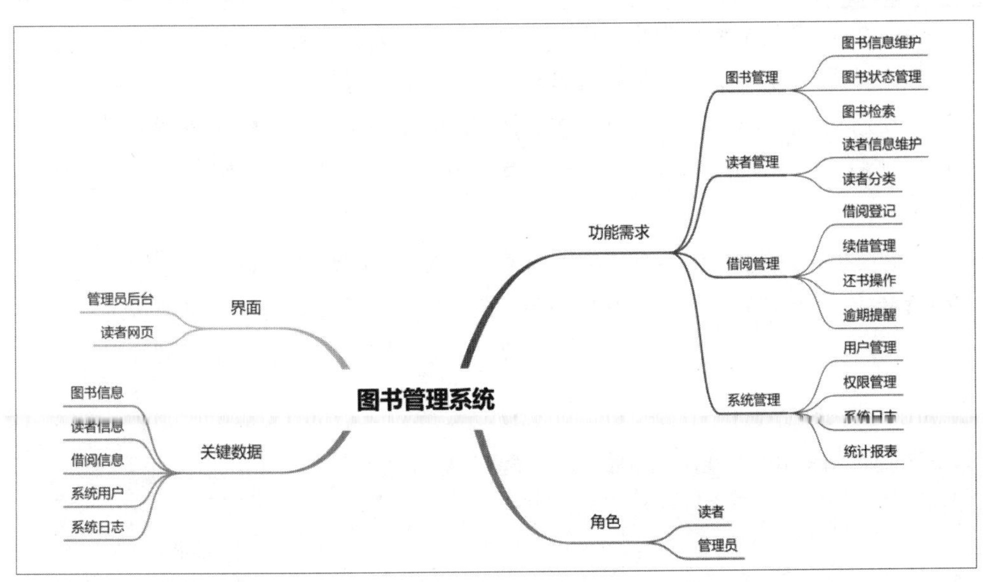

图 4-2　图书管理系统功能需求思维导图

有了功能需求，我们就可以进行系统架构设计，并通过ChatGPT从功能需求中绘制系统架构图。

动手示例

我们可以先让ChatGPT在特定范围内回答问题。

向ChatGPT发送如下请求消息。

以下是一个图书管理系统，帮我使用PlantUML语言绘制分层架构设计图。

该图书管理系统的主要功能需求可以概括为以下几个方面。

1. 图书管理

（1）图书信息维护：添加、删除、修改图书基本信息，如书名、作者、分类、出版社等。

（2）图书状态管理：维护图书的藏书、借出、损毁等状态，并进行相应的状态变更处理。

（3）图书检索：支持按书名、作者、分类等多条件检索图书信息。

2. 读者管理

（1）读者信息维护：添加、删除、修改读者基本信息，如姓名、电话、邮箱等。

（2）读者分类：将读者分类为学生、教师、普通读者等，并设置对应的借阅权限。

3. 借阅管理

（1）借阅登记：登记读者借阅图书，生成借阅记录，更改图书状态为“借出”。

（2）续借管理：管理图书的续借申请及审批流程。

（3）还书操作：将借出图书的状态变更为“已还”，并更新相应的借阅记录。

（4）逾期提醒：定期检测是否有超过借期仍未还书的借阅记录，并通过邮件、短信等提醒读者。

4. 系统管理

（1）用户管理：管理后台用户及其权限，如超级管理员、普通管理员等。

（2）权限管理：按角色设置不同的操作权限，如书籍管理权限、读者管理权限等。

（3）系统日志：记录系统关键操作日志，如用户登录日志，图书/读者信息变更日志等。

（4）统计报表：提供图书借阅量、读者分类、热门图书等的统计报表。

5. Web接口

（1）管理员接口：提供后台管理功能，如添加读者、上传新书、审核续借等。

（2）读者接口：提供图书检索、续借申请、个人信息维护等功能。

ChatGPT的回答如下。

以下是使用PlantUML语言绘制的该图书管理系统架构图：

```
@startuml
package "表示层" {
```

```
    interface Web接口 {
        +管理员接口()
        +读者接口()
    }
}

package "业务逻辑层" {
    interface 读者服务 {
        +添加读者()
        +删除读者()
        +修改读者信息()
        +检索读者()
    }
    interface 图书服务 {
        +添加图书()
        +删除图书()
        +修改图书信息()
        +检索图书()
        +借阅登记()
        +续借申请()
        +还书()
    }
    interface 借阅服务 {
        +逾期提醒()
    }
    interface 统计报表服务 {
        +借阅量统计()
        +读者分类统计()
        +热门图书排行()
    }
}

package "数据访问层" {
    interface 数据库访问接口 {
        +读取数据()
        +保存数据()
    }
}

package "系统管理" {
    interface 权限管理器 {
        +添加用户()
```

```
        +删除用户 ()
        +修改用户信息 ()
        +设置用户权限 ()
    }
    interface 系统日志 {
        +添加操作日志 ()
        +查询操作日志 ()
    }
}

Web接口 -> 读者服务
Web接口 -> 图书服务
读者服务 --> 数据库访问接口
图书服务 --> 数据库访问接口
借阅服务 --> 数据库访问接口
统计报表服务 --> 数据库访问接口
权限管理器 --> 数据库访问接口
系统日志 --> 数据库访问接口

@enduml
```

复制上述代码，预览结果如图 4-3 所示。

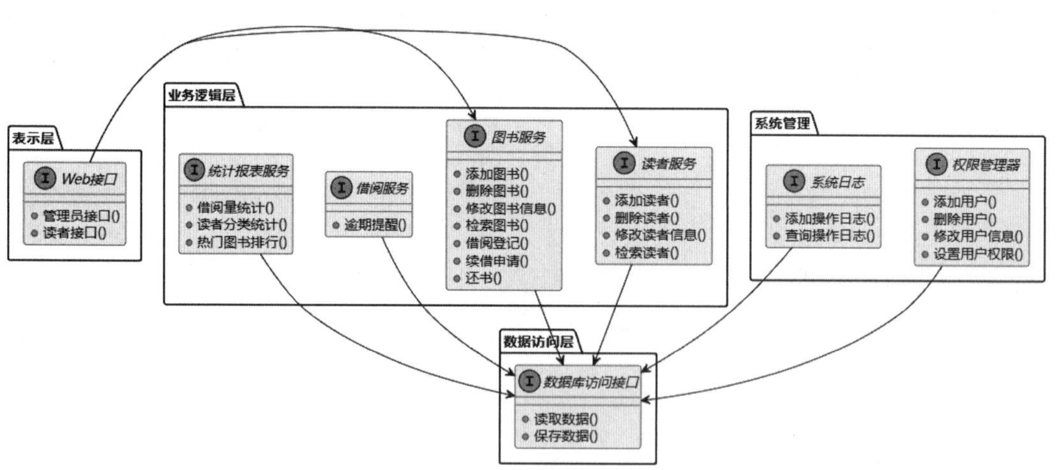

图 4-3　图书管理系统分层架构设计图

4.2 使用ChatGPT辅助进行原型设计

原型设计是指在实际产品开发之前，使用简单的模型或样本来验证和测试产品概念、设计和功能的过程。它可以帮助设计师和开发人员更好地理解用户需求和产品功能，并通过测试和调整原型来优化产品设计。图 4-4 所示是 ××× 系统的用户管理原型图。

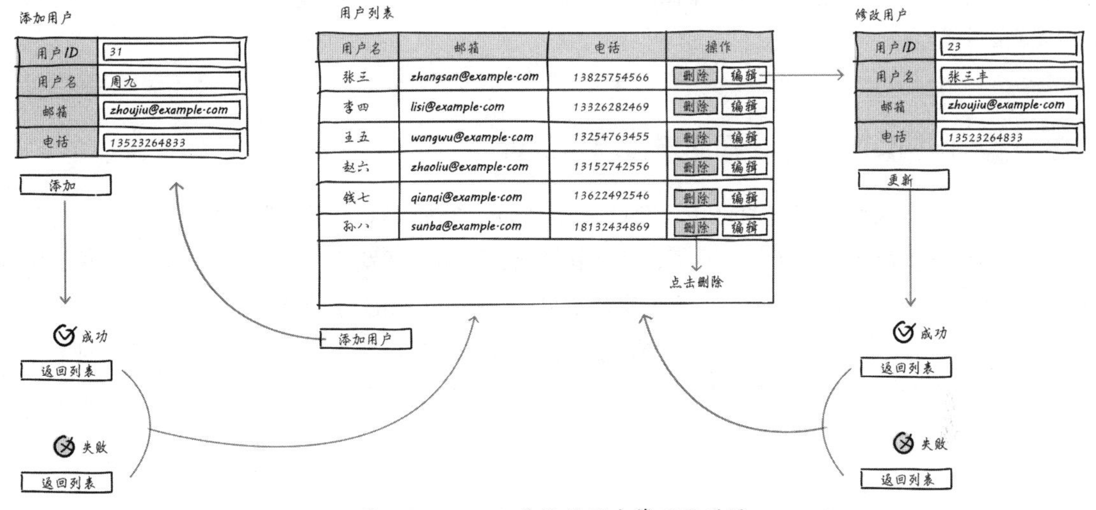

图 4-4　××× 系统的用户管理原型图

4.2.1 原型设计过程

原型设计的过程可以分为以下几个步骤。

（1）确定目标和功能：在开始任何原型设计之前，需要明确产品的目标和所需的功能。这可能涉及市场调研、用户研究和竞争分析等工作。

（2）创建草图和低保真原型：在确定产品目标和功能之后，可以开始创建初步的草图和低保真原型。这些原型可以帮助设计师快速探索多种设计方案，并进行初步测试和验证。

（3）设计高保真原型：基于低保真原型和草图，可以进一步设计高保真原型。高保真原型通常比低保真原型更具可视化和交互性，可以更好地展示产品的外观和功能。

（4）进行测试和优化：完成高保真原型后，可以进行用户测试和反馈收集。根据测试结果，可以对原型进行优化和调整，直到达到预期的用户体验和功能要求。

（5）交付给开发人员：最终的原型可以交付给开发团队，用于开发实际的产品或应用程序。在此阶段，原型可能需要进一步修改，以适应实际的技术和实施要求。

重点

原型设计交付通常会包括以下内容。

（1）原型文件：将原型文件以可用于开发的格式导出，如HTML、CSS和JavaScript等。

（2）交互说明：提供详细的交互说明，让开发人员了解用户如何与原型进行交互，并确保实现的产品具有相同的交互功能。

（3）设计规范：提供设计规范，包括颜色、字体、图标和布局等，以确保产品的视觉风格和品牌一致性。

（4）用户测试报告：提供用户测试和反馈报告，包括用户对原型功能和体验的评价和建议，以帮助开发团队优化产品的设计和功能。

静态和动态资源：提供所有必要的静态和动态资源，如图像、视频和音频等，以确保开发人员可以正确地集成这些资源。

4.2.2 使用ChatGPT辅助进行原型设计

原型设计交付文件通常是HTML文件，使用ChatGPT辅助进行原型设计更具可行性。这种方法能够帮助设计师快速创建初步的原型，并将其导出为可用于开发的HTML格式。这样，设计师就可以更方便地与开发团队分享和交付原型设计。另外，通过ChatGPT的辅助，设计师可以更好地优化和调整原型设计，以满足用户需求和产品要求。因此，利用ChatGPT进行原型设计是一种高效和实用的方法，有助于提高设计和开发效率，改善产品的质量和用户体验。

4.3 案例2：Todo List项目原型设计

Todo List（待办事项清单）项目用于管理自己的待办事宜。Todo List项目的功能需求如下。

（1）用户管理：支持用户注册和登录，可以设置个人信息。

（2）任务添加：用户可以添加新的待办任务，包括名称、描述、期限等。

（3）任务列表：用户可以查看所有待办任务的列表，可以按状态或日期过滤。

（4）任务详情：用户可以查看特定任务的所有详情。

（5）任务编辑：用户可以编辑未完成任务的信息，包括名称、描述和期限。

（6）任务完成：用户可以将未完成任务标记为已完成。已完成任务以完成状态显示在列表。

（7）任务删除：用户可以删除未完成或已完成的任务。已删除任务不会出现在任何列表中。

4.3.1 页面划分

整理好用户需求后，我们可以使用ChatGPT辅助划分页面。

动手示例

我们向ChatGPT发送如下请求消息。

Todo List项目需求如下，请帮我设计划分原型设计所需要的HTML页面。

Todo List（待办事项清单）项目用于管理自己的待办事宜。Todo List项目功能需求如下。

（1）用户管理：支持用户注册和登录，可以设置个人信息。

（2）任务添加：用户可以添加新的待办任务，包括名称、描述、期限等。

（3）任务列表：用户可以查看所有待办任务的列表，可以按状态或日期过滤。

（4）任务详情：用户可以查看特定任务的所有详情。

（5）任务编辑：用户可以编辑未完成任务的信息，包括名称、描述和期限。

（6）任务完成：用户可以将未完成任务标记为已完成。已完成任务以完成状态显示在列表。

（7）任务删除：用户可以删除未完成或已完成的任务。已删除任务不会出现在任何列表中。

指令执行后，ChatGPT 的回答如下。

1. 登录页面 login.html：用于用户登录、校验用户名和密码。

2. 注册页面 register.html：用于新用户注册，填入用户名、密码、邮箱等信息。

3. 个人中心页面 profile.html：用户可以查看和编辑个人信息，如用户名、密码、邮箱等。

4. 任务列表页面 task_list.html：展示所有的任务列表，可以过滤状态和日期，包含任务名称、状态、期限等信息。用户可以在此页面添加、编辑和删除任务。

5. 添加任务页面 add_task.html：用于添加新任务，填入任务名称、描述、期限、优先级等信息。添加成功后跳转到任务列表页面。

6. 任务详情页面 task_detail.html：展示特定任务的所有详细信息，用户可以在此页面将任务标记为已完成。

7. 编辑任务页面 edit_task.html：用于编辑选定任务的信息，如名称、描述、期限等。编辑成功后跳转到任务详情或列表页面。

还可以让 ChatGPT 根据项目需求绘制页面关系（页面之间的跳转）。

动手示例

我们向 ChatGPT 发送如下请求消息。

再帮我绘制页面关系。

页面关系如下：

```
login.html
↓ 登录
register.html  ⟷  profile.html
↓ 注册             ↑ 编辑个人信息
task_list.html
↓ 查看列表
add_task.html  ⟷  edit_task.html
↓ 添加任务           ↑ 编辑任务
↓
```

task_detail.html
↓ 查看详情

4.3.2 页面关系图

ChatGPT以文本的方式返回页面关系，因此看起来可能不够直观。为了更好地展示页面关系，可以让ChatGPT使用PlantUML语言将其绘制成页面关系图。

动手示例

我们向ChatGPT发送如下请求消息。

页面关系如下，请使用PlantUML语言绘制页面关系图。

login.html
↓ 登录
register.html ⟷ profile.html
↓ 注册 ↑编辑个人信息
task_list.html
↓ 查看列表
add_task.html ⟷ edit_task.html
↓ 添加任务 ↑编辑任务
↓
task_detail.html
↓ 查看详情

指令执行后，ChatGPT的回答如下。

```
@startuml

login.html -down-> register.html : 登录
register.html <--> profile.html : 注册
profile.html -up-> task_list.html : 编辑个人信息
task_list.html -down-> add_task.html : 查看列表
add_task.html <--> edit_task.html : 添加任务
edit_task.html -up-> task_list.html : 编辑任务
task_list.html -down-> task_detail.html : 查看详情

@enduml
```

复制上述代码，预览结果如图 4-5 所示。

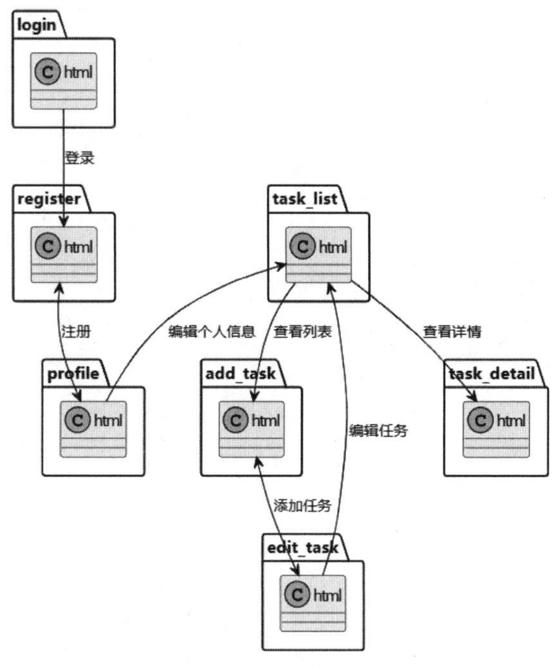

图 4-5　页面关系图

4.3.3 生成原型页面

在进行原型页面时，为了让页面看起来更加漂亮，通常会依赖于一些前端框架。其中，Bootstrap 是一个非常不错的框架。笔者推荐使用 Bootstrap 来创建原型，这样既方便又能够制作出漂亮的页面。

动手示例

如果想要使用 ChatGPT 来帮助生成页面，需要提供尽可能详细和具体的信息。读者需要明确所需页面的类型、布局、元素组成、颜色等，这样 ChatGPT 才能根据信息生成准确的页面。

我们向 ChatGPT 发送如下请求消息。

使用 Bootstrap 框架生成登录 HTML 页面、用户 ID、用户密码和登录按钮，还有一个注册链接。

指令执行后，ChatGPT 的回答如下。

```
<!DOCTYPE html>
<html>
<head>
<meta charset="utf-8">
```

```
    <title>登录</title>
    <link rel="stylesheet" href="https://stackpath.bootstrapcdn.com/
bootstrap/4.3.1/css/bootstrap.min.css">
    <style>
    body {
      background: url(bg.jpg);
    }
    .card {
      background: #fff;
      border-radius: 20px;
      box-shadow: 0 0 10px rgba(0, 0, 0, 0.2);
    }
    .form-control {
      border-radius: 30px;
    }
    .btn-primary {
      border-radius: 30px;
    }
    .fab {
      font-size: 32px;
    }
    </style>
    </head>
    <body>
    <div class="container">
      <div class="card p-4 w-25 mx-auto mt-5">
        <h2>登录</h2>
        <form>
          <div class="form-group">
            <i class="fas fa-envelope fab" style="margin-right:10px"></i>
            <input type="email" name="email" class="form-control"
                    placeholder="邮箱">
          </div>
          <div class="form-group">
            <i class="fas fa-key fab" style="margin-right:10px"></i>
            <input type="password" name="password" class="form-control"
                    placeholder="密码">
          </div>
          <button type="submit"
                  class="btn btn-primary btn-block">登录</button>
        </form>
```

```
  </div>
  <a href="注册页面.html">还没有账号？单击注册</a>
</div>
</body>
</html>
```

复制上述代码，将代码保存为login.html，然后用浏览器打开login.html，结果如图 4-6 所示。

图 4-6　登录页面

重复上述步骤生成其他页面，图 4-7 所示是任务列表页面，图 4-8 所示是添加任务页面，其他页面不再赘述，读者可以在本书配套代码中找到。

图 4-7　任务列表页面　　　　图 4-8　添加任务页面

重点

使用ChatGPT来生成原型界面只是一个辅助过程，完全依赖ChatGPT完成所有细节是不现实的。ChatGPT只能粗略地生成页面描述，具体的细节需要由开发人员或设计师来调整。因此，在这个过程中，需要确保开发人员或设计师熟悉前端框架的使用。

4.4 使用ChatGPT辅助进行详细设计

详细设计是指在软件开发生命周期中，在需求分析和概要设计之后，对软件系统进行更加详细的设计和规划，以便程序员能够准确地编写代码并实现软件功能。详细设计包括对系统结构、模块、接口、算法等方面的具体设计，通常使用UML或其他建模语言来描述系统的各个方面，并生成相应的文档。详细设计旨在提高软件质量、降低开发成本、加速项目进度，并确保软件能够满足用户需求和实现预期功能。

使用ChatGPT辅助进行详细设计可以大大提高设计师的工作效率。通过向ChatGPT问问题，设计师可以快速获取有用的反馈和建议，而无须依靠手动分析和推导。ChatGPT可以为设计师提供更多的灵感和创意，并帮助他们更快地找到最佳方案。

此外，ChatGPT还可以缩短设计周期，减少错误和重复工作。设计师可以使用ChatGPT检查和验证设计方案，以确保其正确性和完整性。ChatGPT还可以为设计师节省时间和精力，使他们能够专注于更关键的任务和挑战。

总之，使用ChatGPT辅助进行详细设计可以显著提高设计师的工作效率，加速项目进度，减少成本，优化验证过程，从而为客户提供更优质的服务和产品。

4.4.1 详细设计与各种UML图

在详细设计阶段，为了直观地展示系统设计成果，通常会使用UML图来表示。这些图形可以“一图抵万言”，极大地提高信息传达的效率。特别是对于程序员来说，图形化的表示方式更能增加他们的理解和记忆。在详细设计阶段，最常用的UML图如下。

（1）类图（Class Diagram）：类图是详细设计中应用最广泛的一种图形，在系统实现过程中扮演着至关重要的角色。它描述了系统中各个类及其之间的关系、属性和方法。通过类图，开发人员可以深入理解系统架构和模块之间的关系，更好地编写代码并实现软件功能。

（2）时序图（Sequence Diagram）：时序图是描述软件系统中不同对象之间交互过程和消息传递顺序的重要工具。它可以清楚地显示系统中不同对象之间的调用关系和交互行为，帮助开发人员更好地分析和调试系统的行为。在详细设计中，时序图通常用于描述系统的核心业务流程和关键场景。

（3）活动图（Activity Diagram）：活动图是描述软件系统中不同活动之间控制流程和状态转换的工具。它可以帮助开发人员更清晰地理解系统业务流程和操作步骤，从而更好地进行代码编写和测试。在详细设计中，活动图通常用于表示系统的业务流程和用例场景。

（4）组件图（Component Diagram）：组件图是描述软件系统中各个组件之间依赖关系和接口定义的重要工具。它可以帮助开发人员更好地理解系统分层结构和组件之间的关系，从而更好地进行代码编写和部署。在详细设计中，组件图通常用于表示系统的分层结构和组件之间的依赖关系。

这些图形通常使用UML或其他建模语言来进行表示，并生成相应的文档。使用这些图形，可以帮助开发人员更好地理解和实现软件系统，从而提高软件质量，降低开发成本，加速项目进展。

4.4.2 案例3：绘制Todo List项目类图

在系统设计中最常见的一种是实体类（Entity Class），尤其是在面向对象的软件开发中应用较普遍。实体类通常用于表示系统中的具体实体或业务对象，如人、订单、产品等，它们具有一些属性和行为，并与数据库中的表相映射。实体类在系统设计中起重要作用，它们是系统中各个模块之间数据传输和处理的基本单位，也是整个系统的核心组成部分之一。

另外，除了实体类，还有许多其他类型的类可以在系统设计中使用，如控制类、辅助类、工具类、接口等。

可以借助于ChatGPT从系统功能需求中提取实体类，下面以Todo List项目为例介绍如何从功能需求中提取实体类。

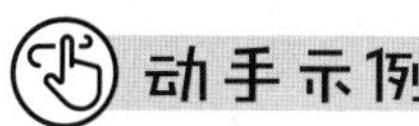

我们向ChatGPT发送如下请求消息。

Todo List项目需求如下：帮我找出其中的实体类。

Todo List（待办事项清单）项目用于管理自己的待办事宜。Todo List项目功能需求如下。

（1）用户管理：支持用户注册和登录，可以设置个人信息。

（2）任务添加：用户可以添加新的待办任务，包括名称、描述、期限等。

（3）任务列表：用户可以查看所有待办任务的列表，可以按状态或日期过滤。

（4）任务详情：用户可以查看特定任务的所有详情。

（5）任务编辑：用户可以编辑未完成任务的信息，包括名称、描述和期限。

（6）任务完成：用户可以将未完成任务标记为已完成。已完成任务以完成状态显示在列表。

（7）任务删除：用户可以删除未完成或已完成的任务。已删除任务不会出现在任何列表中。

指令执行后，ChatGPT的回答如下。

在上述Todo List项目需求中，可以鉴别出以下实体类。

（1）用户类（User Class）：用于表示系统中的用户信息。

（2）任务类（Task Class）：用于表示待办任务的信息，包括名称、描述、期限等属性。

（3）任务状态类（Task Status Class）：用于表示任务的状态，如已完成、未完成等。

以上是最基本的实体类，还可以进一步细分和扩展。在实现具体的系统设计时，实体类的建立应该根据具体的业务需求进行灵活的调整和扩展。

获得实体类后，就可以绘制类图了。

动手示例

我们向ChatGPT发送如下请求消息。

有如下实体类描述，帮我使用PlantUML语言绘制类图。

(1)用户类(User Class):用于表示系统中的用户信息。

(2)任务类(Task Class):用于表示待办任务的信息，包括名称、描述、期限等属性。

(3)任务状态类(Task Status Class):用于表示任务的状态，如已完成、未完成等。

指令执行后，ChatGPT的回答如下。

下面是使用PlantUML语言绘制的类图，该图包含三个实体类:用户类、任务类和任务状态类。

```
@startuml
class User {
  -userId : int
  -username : string
  -password : string
  +login(username: string, password: string) : boolean
  +logout() : void
  +getUserInfo() : UserInfo
}

class Task {
  -taskId : int
  -taskName : string
  -description : string
  -deadline : date
  -status : TaskStatus
  +addTask(taskName: string, description: string, deadline: date) : Task
  +editTask(taskId: int, taskName: string, description: string,
            deadline: date) : Task
  +deleteTask(taskId: int) : void
  +getTaskList(statusFilter: TaskStatus, deadlineFilter: date) : List<Task>
  +getTaskDetail(taskId: int) : Task
  +markTaskAsDone(taskId: int) : void
}

enum TaskStatus {
  TODO
```

```
  DOING
  DONE
}

User -> Task
Task --> TaskStatus
@enduml
```

复制上面的PlantUML代码，保存后预览导出图片，如图 4-9 所示。

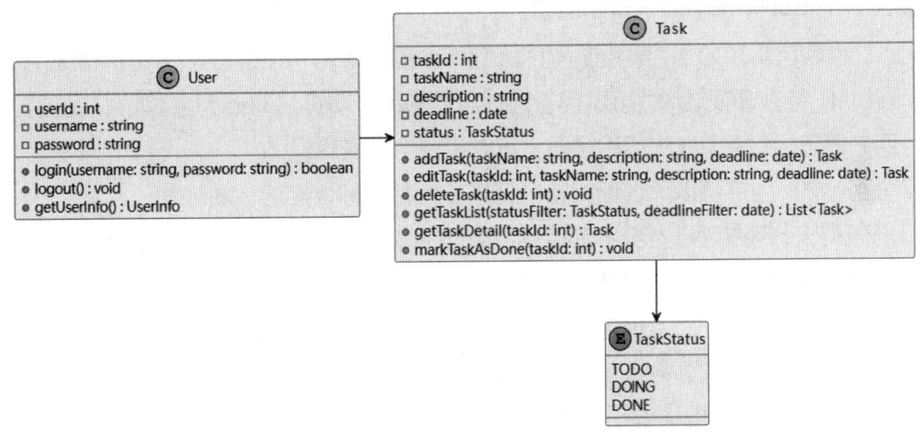

图 4-9　Todo List 实体类图

在上述类图中，User表示用户类，包含了userId、username和password等属性，以及login、logout和getUserInfo方法。Task表示任务类，包含了taskId、taskName、description、deadline和status等属性，以及addTask、editTask、deleteTask、getTaskList、getTaskDetail和markTaskAsDone等方法。TaskStatus表示任务状态的枚举类型，包括TODO、DOING和DONE三种状态。User类和Task类之间存在关联，表示一个用户可以创建和管理多个任务。Task类和TaskStatus类之间存在关联，表示一个任务有唯一的状态。

4.4.3 案例4：绘制Todo List项目时序图

时序图（Sequence Diagram）是一种UML建模图，用于表示系统中对象之间的交互和信息流。时序图展示了对象在一段时间内的交互情况，可以帮助开发人员更好地理解系统的执行过程和消息传递。

时序图主要由参与者、生命线、控制框、消息和时间轴等基本元素组成。其中，参与者表示系统中的各个对象或模块，生命线表示参与者存在的时间段，控制框表示参与者所执行的操作，消息表示参与者之间的消息传递，时间轴表示时间的流逝。

重点

绘制时序图描述系统中对象之间的交互和信息流，不同的用例场景，对象之间的相互作用是不同的，也就是说，不同的场景有不同的时序图。

所以，使用ChatGPT绘制时序图时，需要指定哪个用例场景，必要时还要详细指定系统需求。

动手示例

我们向ChatGPT发送如下请求消息。

Todo List项目需求如下：帮我使用PlantUML语言绘制“用户注册”用例场景时序图。

Todo List（待办事项清单）项目用于管理自己的待办事宜。Todo List项目功能需求如下。

（1）用户管理：支持用户注册和登录，可以设置个人信息。

（2）任务添加：用户可以添加新的待办任务，包括名称、描述、期限等。

（3）任务列表：用户可以查看所有待办任务的列表，可以按状态或日期过滤。

（4）任务详情：用户可以查看特定任务的所有详情。

（5）任务编辑：用户可以编辑未完成任务的信息，包括名称、描述和期限。

（6）任务完成：用户可以将未完成任务标记为已完成。已完成任务以完成状态显示在列表。

（7）任务删除：用户可以删除未完成或已完成的任务。已删除任务不会出现在任何列表中。

指令执行后，ChatGPT的回答如下。

以下是使用PlantUML语言绘制的Todo List项目“用户注册”用例场景时序图：

```
@startuml
actor User as u
participant TodoListSystem as s
database TodoListDB as DB

activate u
u -> s: 请求注册账号
s -> DB: 查询是否有重复的用户名
DB --> s: 返回查询结果
s --> u: 返回可用用户名
u -> s: 提交注册信息
s -> DB: 保存用户信息
DB -> s: 返回保存结果
s --> u: 注册成功
deactivate u
@enduml
```

复制上面的PlantUML代码，保存后预览导出TodoList时序图，如图 4-10 所示。

对该图的解释如下。

（1）用户向系统发出注册请求。

（2）系统要求用户提供注册信息，以便创建新用户。

（3）用户提供他们的姓名、电子邮件和密码。

（4）系统向数据库检查该用户名是否已存在。

（5）数据库将结果返回给系统。

（6）系统向用户显示注册结果（注册成功或注册失败）。

一个完整的系统会有很多用例场景，因此也会有很多时序图，这里只是演示了用户注册的一个场景。对于其他场景，读者可以自己实现。

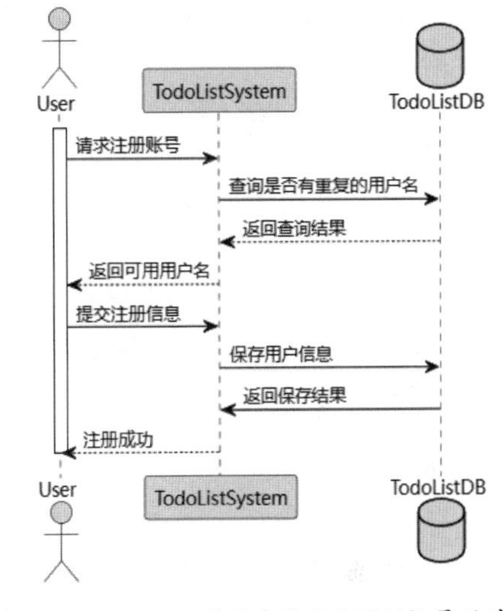

图 4-10　Todo List“用户注册”用例场景时序图

4.4.4 案例5：绘制Todo List项目活动图

类图是描述系统静态结构的重要工具，它展示了系统中对象、类、属性和方法之间的关系。时序图则用于描述对象之间的交互，展示了消息在时间上的传递顺序。

虽然类图和时序图可以帮助开发人员理解系统的结构和交互，但它们并不能完整地描述系统中的行为流程和交互。因此，在某些情况下，活动图可能更适合帮助开发人员将用户需求转化为实际的代码逻辑，因为它们可以更好地描述系统中的动态行为和流程。

下面介绍使用ChatGPT绘制Todo List项目活动图。

动手示例

我们向ChatGPT发送如下请求消息。

Todo List项目需求如下：帮我使用PlantUML语言绘制活动图。

Todo List（待办事项清单）项目用于管理自己的待办事宜。Todo List项目功能需求如下。

（1）用户管理：支持用户注册和登录，可以设置个人信息。

（2）任务添加：用户可以添加新的待办任务，包括名称、描述、期限等。

（3）任务列表：用户可以查看所有待办任务的列表，可以按状态或日期过滤。

（4）任务详情：用户可以查看特定任务的所有详情。

（5）任务编辑：用户可以编辑未完成任务的信息，包括名称、描述和期限。

（6）任务完成：用户可以将未完成任务标记为已完成。已完成任务以完成状态显示在列表。

（7）任务删除：用户可以删除未完成或已完成的任务。已删除任务不会出现在任何列表中。

指令执行后，ChatGPT的回答如下。

以下是使用PlantUML语言绘制的Todo List项目活动图:

```
@startuml
|用户|
start
:注册账号;
if (账号是否存在? ) then (不存在)
  :登录;
else (存在)
  :提示账号已存在;
endif
:设置个人信息;
|待办事项|
if (未登录) then (是)
  :提示用户需先登录;
else (否)
  :添加任务;
  repeat
    :查看所有待办任务列表;
    if (是否过滤? ) then (是)
      :按状态或日期过滤;
    endif
    :查看特定任务详情;
    if (是否编辑? ) then (是)
      :编辑任务信息;
    endif
    :将未完成任务标记为已完成;
    :删除未完成或已完成任务;
  repeat while (任务操作结束? )
endif
stop
@enduml
```

复制上面的PlantUML代码，保存后预览导出TodoList活动图，如图 4-11 所示。该活动图包含Todo List项目的主要功能，包括用户管理、任务添加、任务列表、任务详情、任务编辑、任务完成和任务删除。通过该图可以清晰地理解每个功能之间的关系，并更好地理解整个项目的流程。

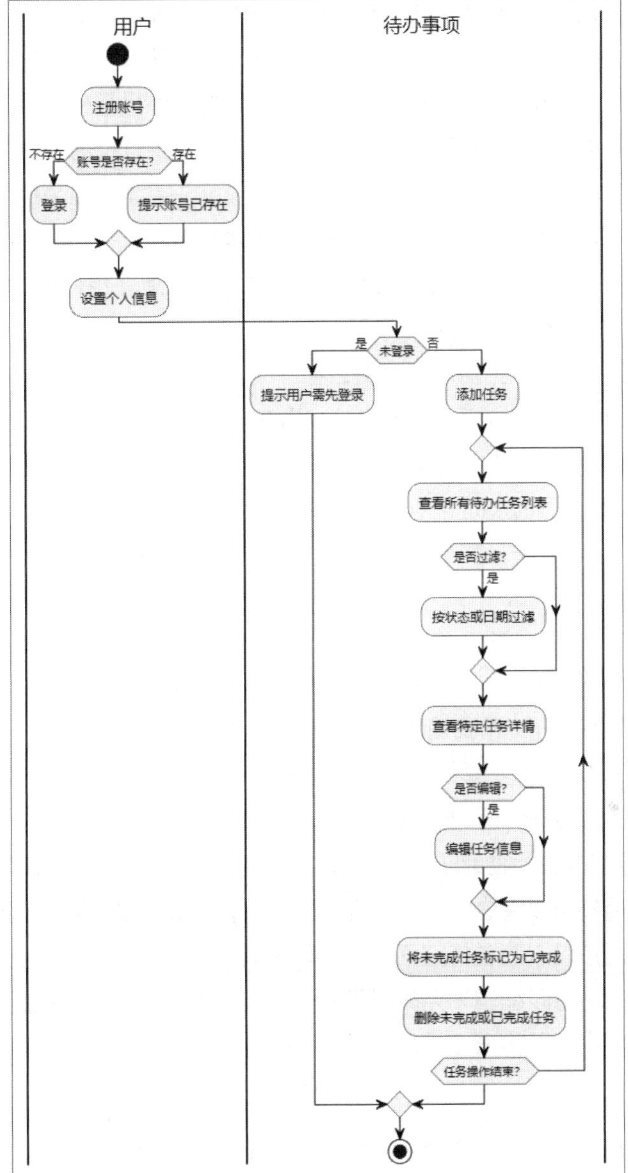

图 4-11　Todo List 活动图

4.4.5 案例6：绘制Todo List项目组件图

组件图的绘制主要依据以下几方面内容。

（1）系统需求。深入理解项目的功能需求，识别出不同模块或功能区域，这为组件图的绘制提供了直接依据。例如，Todo List 项目中可以识别出用户管理、任务管理等模块。

（2）用例图。通过用例图可以识别重要的系统功能，这有助于确定组件图中的主要组件，以实现不同的用例功能。

（3）物理结构。考虑项目的物理构成结构，如客户端、服务器、数据库等实体，这为组件图的构成提供参考。例如，可以在组件图中包含客户端组件、服务端组件、数据访问组件等。

（4）松耦合原则。遵循软件设计的松耦合原则，使不同组件尽量松散耦合，这也是组件图设计的一个重要目标。可以通过接口等机制使组件间依赖抽象，减少直接的强耦合关系。

（5）高内聚原则。每个组件内部应尽量高内聚，实现单一或紧密相关的功能，这有助于提高组件的重用性与维护性。高内聚也是组件图设计的一个基本原则。

（6）常用框架。考虑项目选用的技术框架及其结构，合理地在组件图中体现各技术模块或层，这也是组件图设计的一个参考方向。

综上，组件图的绘制主要依据需求、用例、物理结构、松耦合原则、高内聚原则及技术框架等多方面内容。只有全面理解这些方面，才能设计出合理和贴近实际的组件图。这样的组件图，才能真正为项目的构建与部署工作提供有价值的参考和指导。

使用ChatGPT绘制组件图时，可以直接将系统需求作为输入条件来绘制。

我们向ChatGPT发送如下请求消息。

Todo List项目需求如下：帮我使用PlantUML语言绘制组件图。

Todo List（待办事项清单）项目用于管理自己的待办事宜。Todo List项目功能需求如下。

（1）用户管理：支持用户注册和登录，可以设置个人信息。

（2）任务添加：用户可以添加新的待办任务，包括名称、描述、期限等。

（3）任务列表：用户可以查看所有待办任务的列表，可以按状态或日期过滤。

（4）任务详情：用户可以查看特定任务的所有详情。

（5）任务编辑：用户可以编辑未完成任务的信息，包括名称、描述和期限。

（6）任务完成：用户可以将未完成任务标记为已完成。已完成任务以完成状态显示在列表。

指令执行后，ChatGPT的回答如下。

以下是使用PlantUML语言绘制的Todo List组件图：

```
@startuml
rectangle 系统边界 {

component "用户管理组件" as UM {
    interface "注册接口"
    interface "登录接口"
}

component "任务管理组件" as TM{
```

```
    interface "获取任务列表接口"
    interface "添加任务接口"
    interface "编辑任务接口"
    interface "完成任务接口"
    interface "删除任务接口"
}

component "数据访问组件" as DAC {
    interface "注册数据访问接口"
    interface "登录数据访问接口"
    interface "任务数据访问接口"
}

UM -down-> "注册服务"
UM -down-> "登录服务"

TM -down-> "任务服务"

UM -right-> DAC

TM -right-> DAC

UM ..> TM
系统边界 ..> TM
}

@enduml
```

复制上面的PlantUML代码，保存后预览导出TodoList活动图，如图 4-12 所示。

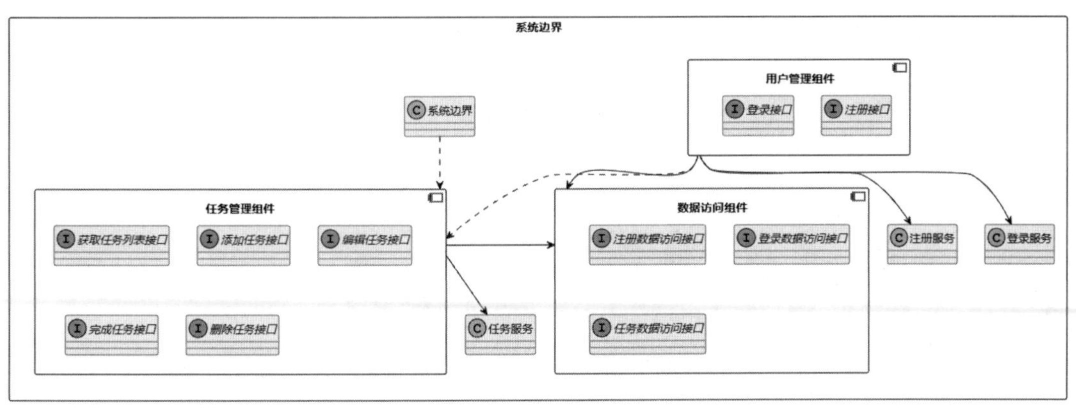

图 4-12　Todo List 组件图

图 4-12 所示的组件图包含以下几类。

（1）系统边界：表示 Todo List 系统边界。

（2）用户管理组件（UM）：提供注册与登录功能。

（3）任务管理组件（TM）：提供任务管理相关功能。

（4）数据访问组件（DAC）：提供数据访问相关功能。

（5）各组件的接口：表示对外提供的服务。

（6）依赖关系：

①用户管理组件依赖注册服务与登录服务；

②任务管理组件依赖任务服务；

③用户管理组件和任务管理组件都依赖数据访问组件；

④用户管理组件与任务管理组件的依赖关系；

⑤任务管理组件可以与外部实体交互。

该组件图清晰表达了 Todo List 项目的物理架构结构。通过引入数据访问组件，它体现了较好的架构设计与技术选型思路。该组件图为 Todo List 项目的具体实现工作提供了很好的参考框架。

4.5 本章总结

本章主要介绍了如何使用 ChatGPT 辅助进行系统设计，包括系统架构设计、原型设计和详细设计。我们详细介绍了使用 ChatGPT 的方法，通过多个实例演示，帮助读者掌握系统设计的各个环节。对于系统架构设计，我们介绍了分层架构设计，讲解了 ChatGPT 如何协助进行系统架构设计，同时通过实例帮助读者理解设计思路。

第 5 章 如何使用 ChatGPT 辅助进行数据库设计

使用ChatGPT辅助进行数据库设计，可以大大提高开发人员的工作效率和质量。ChatGPT是一个基于机器学习的自然语言处理模型，具有强大的文本理解和生成能力，可以帮助开发人员快速理解和分析系统需求，并根据需求生成相应的数据模型和数据库设计方案。

具体来说，使用ChatGPT进行数据库设计有以下几个优点。

（1）自动化：ChatGPT可以自动解析和分析系统需求文档，根据需求生成相应的数据模型和数据库设计方案，避免了烦琐的手工操作，提高了工作效率。

（2）高精度：ChatGPT在文本理解和生成方面具有很高的精度，可以识别出系统需求中的重要信息，并转换为相应的数据模型和数据库设计方案，从而提升设计质量。

（3）可迭代性：由于ChatGPT可以快速生成数据模型和数据库设计方案，因此可以方便地进行迭代和修改，以适应需求变化和优化设计方案。

（4）可视化：ChatGPT可以将生成的数据模型和数据库设计方案可视化展示，便于开发团队理解和交流，减少沟通成本，提高协作效率。

综上所述，使用ChatGPT辅助进行数据库设计，可以大大提高开发人员的工作效率和质量，是一种高效、智能的数据库设计方法。

5.1 数据库设计阶段

数据库设计主要分为以下几个阶段。

（1）需求分析：分析业务需求，理解数据实体及其关系，为后续数据库设计工作建立基础。需识别数据实体、属性、关系等要素。

（2）概念建模：基于需求分析，识别业务中的主要概念及其关系，建立初步的概念模型。确认各数据实体及其之间的联系，以及实体的属性。

（3）逻辑建模：将概念模型转换为数据库的逻辑结构，通常用ER模型表示。确认ER模型中的实体、属性、关系，并进行规范化设计。

（4）物理建模：将ER模型转换为数据库的物理结构，如创建表、字段等结构。确定每个表的字段、数据类型、长度、是否主键等详细设计。

（5）数据字典编制：编写数据字典，记录每个表和字段的详细信息，包括名称、类型、长度、说明等。数据字典是数据库设计的重要产出。

（6）规范评审：审查数据库设计是否符合相关规范，如表命名、字段命名和字段定义规范等。可提高数据库设计的质量与规范性。

（7）性能优化：在数据库结构确定后，需要考虑其性能方面，如添加索引、调整字段类型等，以优化查询与操作的性能。

数据库设计涉及需求分析、概念建模、逻辑建模和物理建模等方面，其目的是将业务需求转换为高质量的数据库结构方案。合理的数据库设计是软件项目成功的基石，直接影响到系统的性能、可扩展性和数据完整性。

5.2 案例1：使用ChatGPT对Todo List项目进行概念建模

数据库概念建模是将业务需求中的概念及其关系进行抽象和归纳，建立概念模型的过程。它是数据库设计的基础，为后续的逻辑建模和物理建模工作奠定基础。

数据库概念建模的主要工作包括以下几个方面。

（1）识别概念实体：分析业务需求，识别出重要的概念实体，它们通常对应到数据库中的表。要确定每个概念实体的语义和属性。

（2）识别概念关系：分析各个概念实体之间的关系，可以是1:1、1:N或M:N关系。关系可以对应到数据库的外键关联。

（3）概括概念数据类型（CDT）：分析概念实体的各属性，归纳出重要的概念数据类型，为后续确定表字段的数据类型提供参考。

（4）建立概念模型：用图形或文本的方式描绘各概念实体、概念关系及重要属性，形成业务领域的概念模型。它应覆盖所有的需求相关的概念。

（5）验证和评审：评审概念模型的准确性和完整性，确保它能正确表达需求中的所有概念及其联系，并进行必要的修改与优化。

可以借助ChatGPT从系统功能需求中提取实体，读者可以参考4.4.2小节提取实体类相关内容，这里不再赘述。

获得实体后，可以作为输入条件，让ChatGPT帮我们绘制数据库概念模型。

动手示例

我们向ChatGPT发送如下请求消息。

有如下实体类，帮我使用PlantUML语言数据库概念建模。

（1）用户类（User Class）：用于表示系统中的用户信息。

（2）任务类（Task Class）：用于表示待办任务的信息，包括名称、描述、期限等属性。

（3）任务状态类（Task Status Class）：用于表示任务的状态，如已完成、未完成等。

指令执行后，ChatGPT的回答如下。

根据您提供的实体类信息，这里我使用PlantUML语言对其进行了数据库概念建模，如下：

```
@startuml

entity User {
  * userId
  userName
  password
  ...
```

```
}

entity Task {
  * taskId
  title
  description
  deadline
  Status
}

entity Status {
  * statusId
  name
}

User ||--o{ Task  : create
Task ||--o{ Status : has

@enduml
```

复制上面的PlantUML代码，保存后预览导出Todo List项目数据库概念建模图，如图 5-1 所示。

在图 5-1 所示的概念模型中包含以下几个部分。

（1）User实体：表示系统用户，包含userId、userName、password等属性。

（2）Task实体：表示待办任务，包含taskId、title、description、deadline等属性，以及和Status的关系。

（3）Status实体：表示任务状态，包含statusId和name等属性。

（4）User实体和Task实体间的 1:N关系，表示用户创建任务。

（5）Task实体和Status实体间的 1:1 关系，表示任务具有某个状态。

该概念模型比较清晰地表达了用户、任务和任务状态之间的关系，识别出主要的概念实体及其属性，也表示了主要的关联关系，比较符合上述任务管理的业务需求。这为后续的数据库逻辑建模工作提供了较好的参考，有助于设计出满足需求的数据库结构。

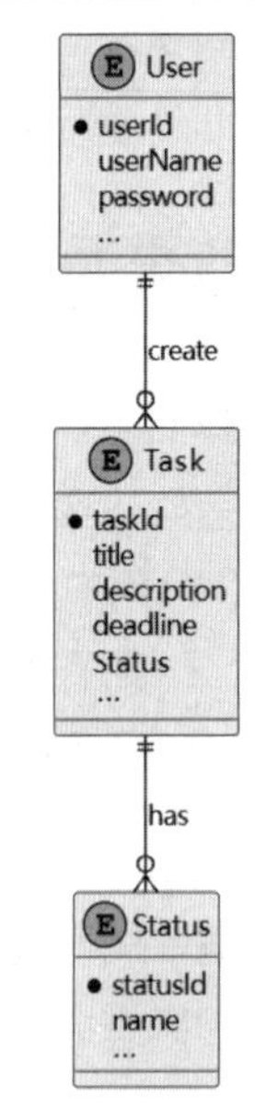

图 5-1　Todo List项目数据库概念建模

5.3 案例2：使用ChatGPT对Todo List项目进行逻辑建模

数据库逻辑建模是将概念模型转换为数据库的逻辑结构的过程，主要工作包括以下几个方面。

（1）选择数据模型：通常选择关系模型，用ER图表示数据库的逻辑结构。

（2）确认实体：将概念模型中的概念实体转换为ER图的实体，确定实体的主属性(作为主键)和外键。

（3）确认关系：表示概念模型中的概念关系为ER图的关系，确定关系的配比和参与度。

（4）设计实体结构：为每个实体确定其所有属性，包括数据类型、长度、NULL性等详细信息。需要考虑各属性之间的依赖关系。

（5）规范化设计：检验和优化ER模型，满足第一范式（1NF）、第二范式（2NF）和第三范式（3NF）等要求，避免数据冗余和更新异常。

可以借助ChatGPT从系统功能需求中确定实体和实体关系，读者可以参考4.4.2小节提取实体类相关内容，这里不再赘述。

获得实体后，可以作为输入条件，让ChatGPT帮我们绘制数据库逻辑模型。

动手示例

我们向ChatGPT发送如下请求消息。

有如下实体类，帮我使用PlantUML语言数据库逻辑建模。

（1）用户类（User Class）：用于表示系统中的用户信息。

（2）任务类（Task Class）：用于表示待办任务的信息，包括名称、描述、期限等属性。

（3）任务状态类（Task Status Class）：用于表示任务的状态，如已完成、未完成等。

指令执行后，ChatGPT的回答如下。

根据您提供的实体类信息，这里我使用PlantUML语言对其进行了数据库逻辑建模，如下：

```
@startuml

entity 任务 {
 * 任务ID
 标题
 描述
 截止日期
 完成状态
}

entity 完成状态 {
 * 完成状态ID
 名称
}

entity 用户 {
```

```
  * 用户ID
  用户名
  密码
}

任务 ||--o{ 完成状态 : 拥有
用户 ||--o{ 任务 : 创建

@enduml
```

复制上面的PlantUML代码，保存后预览导出Todo List项目数据库逻辑建模图，即ER图，如图5-2所示。

图5-2 Todo List项目数据库ER图

图5-2所示的ER图包含以下几个部分。

(1)用户实体：表示系统用户，包含用户ID、用户名和密码等属性。用户ID作为主键。

(2)任务实体：表示待办任务，包含任务ID、标题、描述、截止日期和完成状态等属性。任务ID作为主键。

(3)完成状态实体：表示任务的完成状态，包含完成状态ID和名称等属性。完成状态ID作为主键。

(4)用户实体和任务实体间是1:N的关系，表示用户可以创建多个任务。

(5)任务实体和完成状态实体间是1:1的关系，表示每个任务具有唯一的完成状态。

该ER图清晰地表示了用户、任务和任务状态之间的关系，识别出主要的实体及其属性，也表达了主要的关联关系，比较符合上述任务管理的业务需求。模型比较规范，满足各范式要求，并具有较好的扩展性。

但模型的描述还不够详细，在后续的物理建模阶段，还需要进一步明确每个字段的详细定义。模型的简洁性也需要再平衡，避免过度设计的情况。

5.4 案例3：使用ChatGPT对Todo List项目进行物理建模

数据库物理建模是将逻辑数据模型转换为物理存储模型的过程，包括确定数据库中表、列、键、索引等对象的具体存储方式和结构。在物理建模过程中，需要考虑数据库的性能、可扩展性、安全性等方面的因素，以满足实际业务需求。常见的物理建模工具包括ERWin、PowerDesigner等。

数据库物理建模是根据概念建模和逻辑建模的成果，设计数据库的物理结构的过程。主要工作包括以下几个方面。

（1）确认实体和表：确定每个实体对应到的数据库表，并明确表的名称。

（2）设计表结构：为每个表确定字段，包括字段名、数据类型、长度、小数位数等详细定义。还需要考虑字段间的依赖关系。

（3）设置主键：为每个表选择一个或多个属性作为主键，确保记录的唯一性。

（4）设置外键：在各表之间设置外键关系，表示表与表之间的联系。

（5）规范字段名：选择遵循数据库规范的字段名称，确认大小写、有无空格等。

（6）选择存储结构：选择合适的数据库存储模式，如基于行的表或列的表等。

（7）设计索引：为频繁查询或排序的字段创建索引，提高数据库性能。

（8）设计视图和存储过程：用于实现一定的业务逻辑，屏蔽一定的表结构细节。

（9）进行性能调优：创建必要的索引，设置表空间等，确保性能达到要求。

可以借助ChatGPT的文本处理能力，把概念模型的描述作为输入条件，让ChatGPT帮我们绘制数据库物理模型。

动手示例

我们向ChatGPT发送如下请求消息。

有如下概念模型描述，帮我使用PlantUML语言数据库物理模型。

（1）User实体：表示系统用户，包含userId、userName、password等属性。

（2）Task实体：表示待办任务，包含taskId、title、description、deadline等属性，以及和Status的关系。

（3）Status实体：表示任务状态，包含statusId和name等属性。

（4）User实体和Task实体间的1:N关系，表示用户创建任务。

（5）Task实体和Status实体间的1:1关系，表示任务具有某个状态。

指令执行后，ChatGPT的回答如下。

```
@startuml

!define table(x) class x << (T,#FFAAAA) >>
!define primary_key(x) <b><u>x</u></b>
!define foreign_key(x) <u>x</u>

hide circle

table(User) {
  primary_key(userId): int
  userName: varchar(50)
  password: varchar(50)
}
```

```
table(Status) {
  primary_key(statusId): int
  name: varchar(20)
}

table(Task) {
  primary_key(taskId): int
  title: varchar(100)
  description: varchar(500)
  deadline: date

  foreign_key(userId) references User(userId)
  foreign_key(statusId) references Status(statusId)
}

@enduml
```

复制上面的PlantUML代码，保存后预览导出Todo List项目数据库物理模型图，即ER图，如图 5-3 所示。

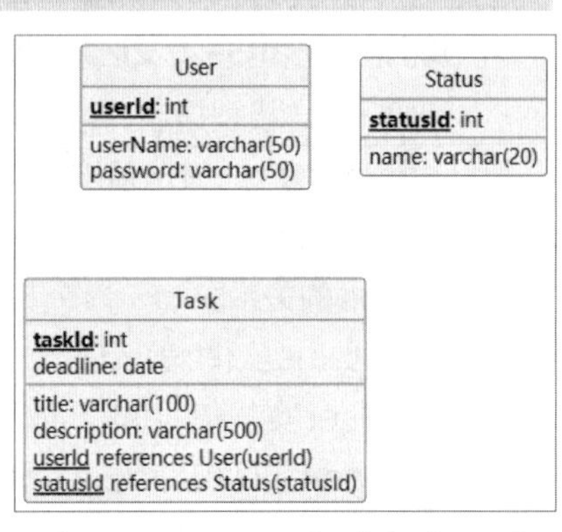

图 5-3　Todo List项目数据库ER图

图 5-3 所示的ER图中，我们定义了 3 个表：User、Status和Task。其中，User和Status表都只有一个主键字段，而Task表则有 3 个主键字段：taskId、userId和statusId。userId和statusId是分别从User和Status表引用的外键。

最后，注意到任务状态（Status）与任务（Task）之间的1:1 关系没有显式地表示出来，因为它已经隐含在Task表的定义中了。

总之，ChatGPT只是一个辅助工具，很多工作还需程序员手动修改。

5.5 案例4：使用ChatGPT辅助生成DDL脚本

DDL（Data Definition Language）是用于定义数据库模式的语句，通常包括以下内容。

（1）创建表语句：用于创建数据库中的表结构，包括表名、列名、数据类型、大小限制、约束条件等。

（2）删除表语句：用于删除数据库中的表结构，包括表名、列名、数据类型、大小限制、约束条件等。

（3）修改表结构语句：包括增加、修改、删除表中的列，修改数据类型、大小限制、约束条件等。

（4）创建索引语句：用于在表中创建索引，提高检索效率。

（5）删除索引语句：用于删除表中的索引。

下面使用ChatGPT为Todo List项目生成DDL脚本，编写DDL脚本的依据是数据库物理模型。

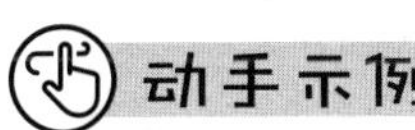

我们向ChatGPT发送如下请求消息。

有如下数据库物理模型，帮我生成建表的DDL脚本，注意：基于MySQL8数据库，数据库名是TodoListDB。

```
@startuml
!define table(x) class x << (T,#FFAAAA) >>
!define primary_key(x) <b><u>x</u></b>
!define foreign_key(x) <u>x</u>
hide circle
table(User) {
  primary_key(userId): int
  userName: varchar(50)
  password: varchar(50)
}
table(Status) {
  primary_key(statusId): int
  name: varchar(20)
}
table(Task) {
  primary_key(taskId): int
  title: varchar(100)
  description: varchar(500)
  deadline: date

  foreign_key(userId) references User(userId)
  foreign_key(statusId) references Status(statusId)
}
@enduml
```

指令执行后，ChatGPT的回答如下。

根据你的要求，下面是加上TodoListDB库的DDL脚本：

```
-- 创建TodoListDB库
CREATE DATABASE IF NOT EXISTS TodoListDB DEFAULT CHARSET utf8mb4;
```

```
-- 切换到TodoListDB库
USE TodoListDB;

-- 创建User表
CREATE TABLE User (
  userId INT(11) NOT NULL AUTO_INCREMENT,
  userName VARCHAR(50) NOT NULL,
  password VARCHAR(50) NOT NULL,
  PRIMARY KEY (userId)
) ENGINE=InnoDB DEFAULT CHARSET=utf8mb4;

-- 创建Status表
CREATE TABLE Status (
  statusId INT(11) NOT NULL AUTO_INCREMENT,
  name VARCHAR(20) NOT NULL,
  PRIMARY KEY (statusId)
) ENGINE=InnoDB DEFAULT CHARSET=utf8mb4;

-- 创建Task表
CREATE TABLE Task (
  taskId INT(11) NOT NULL AUTO_INCREMENT,
  title VARCHAR(100) NOT NULL,
  description VARCHAR(500),
  deadline DATE,
  userId INT(11) NOT NULL,
  statusId INT(11) NOT NULL,
  PRIMARY KEY (taskId),
  FOREIGN KEY (userId) REFERENCES User(userId),
  FOREIGN KEY (statusId) REFERENCES Status(statusId)
) ENGINE=InnoDB DEFAULT CHARSET=utf8mb4;
```

将上面的代码复制粘贴到文本文件中，命名为“TodoListDB.ddl”，方便以后使用。

5.6 本章总结

本章介绍了如何使用ChatGPT辅助进行数据库设计。首先，讲解了数据库设计阶段的内容和需求，然后介绍了如何使用ChatGPT进行概念建模、逻辑建模和物理建模。在这些案例中，我们分析了一个Todo List项目的场景，展示了如何使用ChatGPT进行数据库设计，生成相关的模型和文档。最后，讲解了如何使用ChatGPT生成DDL脚本，将数据库设计转换成实际的数据库表操作。通过本章的学习，读者可以了解数据库设计的全过程，并利用ChatGPT的强大功能快速完成数据库设计。

如何使用 ChatGPT 编写高质量的程序代码

要使用ChatGPT编写高质量的程序代码，需要开发人员与其保持高度协作。通过提供详细的需求说明、遵循代码规范、采取迭代方式、人工验收与测试、不断优化与改进、结合其他工具等方式，可以最大限度地发挥ChatGPT的作用，生成高质量的代码。

ChatGPT是一种语言模型，可用于生成文本，包括程序代码。使用ChatGPT创建高质量的程序代码，可以参考以下几点。

（1）提供详细且准确的需求说明。要想生成高质量的代码，ChatGPT需要清晰地理解代码要实现的功能和业务逻辑。所以提供详细的需求说明和示例是非常必要的。

（2）遵循代码规范和最佳实践。在说明中要表达清楚代码需要遵循的语言标准、设计模式及工程化要求，这样ChatGPT生成的代码质量会更加高。

（3）采取迭代协作的方式。很难通过一次交互就获得完全满意的代码。所以，最好采取迭代的方式，ChatGPT生成第一版代码后，开发人员评审并提出修改意见，然后ChatGPT再生成修订后的代码，如此循环，逐渐提高代码质量。

（4）人工验收和测试。虽然ChatGPT可以生成代码，但开发人员还是需要对代码进行人工审阅、测试及必要的调整优化。人工的参与可以最大限度地保证最终的代码质量。

（5）不断优化和改进。为ChatGPT提供的说明和条件越详细越好，这需要不断优化和改进。同时，读者也需要不断总结在协作中的体会，优化和改进与ChatGPT的交互方式，这样可以更高效和深入地协作，生成更高质量的代码。

（6）结合其他工具。除了ChatGPT，还可以结合其他工具，如静态代码分析工具、单元测试工具及性能测试工具等。这些工具可以提供更加客观和详尽的代码评估，有利于开发人员提高与ChatGPT的协作效率，生成更高质量的代码。

6.1 编写代码

如果使用ChatGPT得当，那么无论是简单的代码段还是复杂的程序，ChatGPT都可以提供有力的辅助。

6.1.1 描述代码需求

为了编写出高质量的代码，读者首先应该准确描述自己的代码需求是什么。

重点

在利用ChatGPT编写代码时，这里有一些技巧可以提高效率和质量。

（1）清晰明确地描述代码需求：提供详细的自然语言描述，清晰地表达所要实现的功能或逻辑。这可以帮助ChatGPT生成更加准确和完整的代码框架。

（2）从大体架构开始描述：先描述代码的总体框架结构或函数原型，等ChatGPT返回框架代码后，再逐步填充详细逻辑。这比直接描述很详细的逻辑更容易被ChatGPT理解和实现。

（3）通过示例解释复杂逻辑：如果需表达较复杂的算法或业务逻辑，可以通过具体的示例来说明。举例可帮助ChatGPT更好地理解这些逻辑，从而生成对应代码。

（4）循环交互：很难只通过一次描述就可以完整实现复杂代码。需要通过多轮交互，持续描述更为详细的需求，ChatGPT会逐步完善代码，实现最终目标。循环反馈也有利于纠正ChatGPT的错误，生成更准确的代码。

（5）请求解释或修复：如果ChatGPT生成的代码有不合理或错误的地方，读者可以复制该段代码，并请求ChatGPT提供解释或修复建议。它可以重新审视代码，找到问题所在并提出修订方案。这有助于避免错误累积，产生高质量代码。

（6）结合人工干预：对于更加复杂的逻辑，ChatGPT的代码能力仍有限。这时，最好的方式是人工设计整体框架，ChatGPT负责填充详细代码；或人工选择ChatGPT的候选方案，再进行优化。ChatGPT与人工结合使用可以发挥两者威力，提高工作效率。

这些技巧可以很好地配合ChatGPT的能力，帮助读者开发高质量和高效的代码。随着交互的深入，读者也会日益熟练，进一步提高编程效率。而我们也会不断提高ChatGPT的语言理解和代码生成能力，为读者提供更加全面和准确的编程体验。

动手示例

下面给出一些示例，包括需求描述及ChatGPT可能返回的代码框架。

示例 1　编写 Python 代码

我们向ChatGPT发送如下请求消息。

我想要一段能够打印"Hello World!"的Python代码。

指令执行后，ChatGPT的回答如下。

以下是一个简单的Python代码，可以打印"Hello World!"：

```
def hello_world():
    print("Hello World!")

if __name__ == '__main__':
    hello_world()
```

示例 2　编写 C++ 代码

我们向ChatGPT发送如下请求消息。

我要一段能够计算两个数之和的C++函数。

指令执行后，ChatGPT的回答如下。

以下是一个简单的C++函数，可以计算两个数之和：

```
int sum(int a, int b) {
    return a + b;
}

int main() {
    int result = sum(1, 2);
    return 0;
}
```

示例 3 编写 JavaScript 代码

我们向ChatGPT发送如下请求消息。

我需要一个下载网络图片并存储到本地的JavaScript函数。

指令执行后，ChatGPT的回答如下。

以下是一个简单的 JavaScript 函数，可以从 URL 下载网络图片并将其保存到本地文件系统：

```
function downloadImage(url, callback) {
  var request = new XMLHttpRequest();
  request.open('GET', url);
  request.responseType = 'blob';

  request.onload = function() {
    if (request.status === 200) {
      callback(request.response);
    }
  };
  request.send();
}

downloadImage('http://example.com/image.png', function(response) {
  var blob = new Blob([response]);
  var link = document.createElement('a');
  link.href = window.URL.createObjectURL(blob);
  link.download = 'image.png';
```

```
  link.click();
});
```

如读者所见，ChatGPT可以根据简明的自然语言描述，返回对应的代码框架或函数。读者可以在此基础上，继续描述更为具体的逻辑或参数，ChatGPT会继续扩充和完善这些代码，最终实现较为完整的程序。

这显示了ChatGPT强大的语言理解和代码生成能力。它可以自动映射描述和代码之间的对应关系，快速返回满足需求的框架结构。借助与ChatGPT的循环交互，可以轻松实现不同难度和语言的代码编写。

但ChatGPT的能力也有限，更加复杂的算法或逻辑仍需要人工来设计与实现。人工智能只能作为一个编程助手，需要与人密切协作，才能发挥最大效能。

希望上面的例子可以进一步帮助读者理解如何利用ChatGPT来编写代码。

6.1.2 补全代码细节

在我们已有的代码框架基础上，读者可以使用ChatGPT提供更加详细的代码来实现相应的功能。读者可以继续描述自己所需的具体逻辑或参数，ChatGPT会补充相应的代码细节。

动手示例

示例 4　编写关联代码（一）

如果读者想对编写打印“Hello World!”Python代码的示例 1 继续细化，我们向ChatGPT发送如下请求消息。

我想修改如下代码，打印“Hi there!”。

```
def hello_world():
    print("Hello World!")

if __name__ == '__main__':
    hello_world()
```

ChatGPT的回答如下。

你可以修改 hello_world() 函数内的字符串参数来打印“Hi there!”，如下所示：

```
def hello_world():
    print("Hi there!")

if __name__ == '__main__':
    hello_world()
```

示例 5　编写关联代码（二）

如果我们想在示例 4 基础上添加功能，例如，想输入姓名并打印出“Hello + 姓名！”。读者可以发送如下请求消息。

我想修改如下代码，打印出“Hello + 姓名！”。

```
def hello_world():
    print("Hi there!")

if __name__ == '__main__':
    hello_world()
```

ChatGPT的回答如下。

你可以修改 hello_world() 函数并传入一个字符串参数来打印出 "Hello + 姓名!" 的消息，如下所示：

```
def hello_world(name):
    print(f"Hello {name}!")

if __name__ == '__main__':
    name = "John"  # 将此行替换为任何你想要的名字
    hello_world(name)
```

示例 6　编写条件逻辑

如果想编写条件逻辑，读者可以发送如下请求消息。

我想修改如下代码，如果name是“John”或“Mary”，打印“Hello dear!”，否则打印“Hello name!。”

```
def hello_world(name):
    print(f"Hello {name}!")

if __name__ == '__main__':
    name = "John"
    hello_world(name)
```

ChatGPT的回答如下。

你可以在 hello_world() 函数中添加一些条件语句来检查 name 是否为 "John" 或

"Mary"，从而打印不同的消息。以下是修改后的代码：

```
def hello_world(name):
    if name == "John" or name == "Mary":
        print("Hello dear!")
    else:
        print(f"Hello {name}!")
```

示例 7　编写函数

如果想编写函数，读者可以发送如下请求消息。

我想修改如下代码，定义一个函数，参数为姓名，打印问候语，调用函数传入不同姓名。

```
def hello_world(name):
    print(f"Hello {name}!")

if __name__ == '__main__':
    name = "John"
    hello_world(name)
```

ChatGPT 的回答如下。

你可以使用 def 关键字来定义一个函数，以接受参数并打印出问候语。以下是你可以尝试的代码：

```
def greet(name):
    print(f"Hello {name}!")

if __name__ == '__main__':
    greet("John")
    greet("Mary")
    greet("Bob")
```

通过这些示例，可以看到ChatGPT会根据读者的具体描述，提供相应的代码逻辑或细节来补全并完善程序。我们可以一步步添加更丰富的逻辑与参数，最终实现一个功能齐全的代码段。

重 点

需要注意的是，代码补全需要通过多轮交互才能实现，继续描述需要实现的逻辑，ChatGPT 会逐步帮助补全更加完整的代码，直到最终实现指定的需求。

6.1.3 代码语法检查

ChatGPT代码语法检查可以帮助开发人员找出代码中的语法错误，并及时进行修复，从而提高代码质量和稳定性。此外，代码语法检查也可以帮助开发人员遵循编码规范，提高代码可读性和可维护性。

重点

对于代码语法检查，以下几点操作技巧与建议供读者参考。

（1）书写完成后再检查。在编写代码初稿后立即检查，可以最大限度地发现问题，避免多次修复同一错误。这需要控制自己的急躁心理，先将代码逻辑实现完整再进行检查。

（2）按模块检查。不要将整个程序的代码一次性提交进行检查，这会使问题难以定位与修复。可以将代码按函数或类等逻辑模块分段提交，逐个检查、修复。

（3）重点检查关键部分。比如函数定义、条件判断、循环语句等容易出错的地方，这些部分的语法错误可能导致程序无法正常工作。

（4）厘清逻辑再检查。在提交代码检查前，应当再自行查看一遍代码，厘清程序逻辑和每个部分的作用。这可以避免由于自己的疏忽提交含有逻辑错误的代码。ChatGPT目前主要检查语法问题，并不能深刻理解代码逻辑。

（5）验证并测试。在根据ChatGPT的建议修改完代码后，应当自行验证修改是否正确，并进行测试，保证程序如预期工作。不要完全依赖ChatGPT的检查，因为ChatGPT的理解还不及人工专家。

（6）持续反馈。在我们的交互过程中，检查结果与建议，ChatGPT都希望获得使用者的持续反馈。这有助于ChatGPT发现自身理解的不足与提高的方向，使ChatGPT的代码分析服务更加准确、质量更高。

动手示例

下面以代码语法检查为例，给出一些提问的示例，供读者参考。

示例8　聚焦在一个具体的提问

为了让ChatGPT的回答提供有针对性的答案方向，我们需要在提问时聚焦在一个具体的问题。例如下面的提问方式。

我在定义函数时常常忘记添加“:”，导致语法错误。如何记住并养成正确的习惯？

这是一个很好的提问示例。它聚焦在一个具体的问题上(如“:”的遗漏)，说明了提问者当前的困难与信息需求。

示例9　提供具体代码

假如读者这样提出问题。

下面的代码有什么语法错误？如何修复？

```
def sum(a, b)
c = a + b
print(c)
```

这是一个结合实例的提问，通过提供具体代码，ChatGPT 可以清晰理解问题所在与提问者的信息需求。但相比示例 8，这个提问的目的未作明确说明，这会使 ChatGPT 在回答前做一定猜测，可能偏离要点。

ChatGPT 的回答如下。

这段代码缺少了冒号“:”，会导致语法错误。正确的代码如下：

```
def sum(a, b):
    c = a + b
    print(c)
```

在函数定义时，需要在参数列表后面加上冒号来表示代码块的开始。另外，代码块中的语句要缩进，通常是使用四个空格来表示一个缩进层级。在这个例子中，函数体内的代码需要缩进以表示它属于该函数的一部分。

6.2 调试代码

调试代码是修复错误、理解程序逻辑的关键技能。作为开发人员，掌握一定的调试技巧是必不可少的。

重点

使用 ChatGPT 辅助调试代码，主要采取以下几种方式。

（1）描述代码逻辑与预期结果给 ChatGPT，使其检验自己的理解并发现潜在问题。如果 ChatGPT 无法完全理解，也提示我们需要改进说明的清晰度。

（2）提出推理过程中的疑问，让 ChatGPT 解释说明。我们对比其解释来判断自己是否有误，也可检验 ChatGPT 的理解。这是一种“相互调试”的过程。

（3）提供代码片段让 ChatGPT 分析，然后与我们自己的理解对比，看是否一致。如果 ChatGPT 有误，也可让我们梳理清楚概念与加强理解。

（4）在解决棘手 Bug 时，描述问题给 ChatGPT 分析并给出思路。这可以带来新视角，产生灵感。如果我们不同意 ChatGPT 的分析，则可以推敲深入理解。

（5）在 ChatGPT 的回复中找出漏洞或不足，提问加以探讨。这也可以检验 ChatGPT 的理解与推理，判断其回复的准确性，提高我们的洞察力。

综上，掌握必要的调试技巧，加强分析与推理能力，是成为高级程序员的基石。代码既是工具，也是学习的对象。在调试的过程中，我们不断推敲，加深对程序的洞察，这是实现高质量代码的必经之路。

动手示例

示例 10　调试代码

下面给出一个具体的例子来说明如何使用ChatGPT辅助调试代码。假设我们写了一段提取文本中词频最高的 10 个词的代码，具体如下。

```
text = "Hello from ChatGPT! ChatGPT is an AI assistant created by Anthropic to be helpful, harmless, and honest."

words = text.lower().split()
word_counts = dict()

for word in words:
    if word in word_counts:
        word_counts[word] += 1
    else:
        word_counts[word] = 1

top_10 = sorted(word_counts.items(), key=lambda x: x[1], reverse=True)[:10]
print(top_10)
```

运行结果如下。

```
[('hello', 1), ('from', 1), ('chatgpt!', 1), ('chatgpt', 1), ('is', 1), ('an', 1), ('ai', 1), ('assistant', 1), ('created', 1), ('by', 1)]
```

而我们期待结果如下。

```
[('chatgpt', 2), ('hello', 1), ('from', 1), ('is', 1), ('an', 1), ('ai', 1), ('assistant', 1), ('created', 1), ('by', 1), ('anthropic', 1)]
```

这并不符合我们的预期结果。我们可以采取以下方式与ChatGPT进行交互调试。

我们向ChatGPT发送如下请求消息。

如下代码实际运行结果是，不符合我的期望，请指出哪里有逻辑错误：

```
[('hello', 1), ('from', 1), ('chatgpt!', 1), ('chatgpt', 1), ('is', 1), ('an', 1), ('ai', 1), ('assistant', 1), ('created', 1), ('by', 1)]
text = "Hello from ChatGPT! ChatGPT is an AI assistant created by Anthropic to be helpful, harmless, and honest."
```

```
words = text.lower().split()
word_counts = dict()
for word in words:
    if word in word_counts:
        word_counts[word] += 1
    else:
        word_counts[word] = 1
top_10 = sorted(word_counts.items(), key=lambda x: x[1], reverse=True)[:10]
print(top_10)
```

ChatGPT的回答如下。

代码中没有考虑到单词的大小写问题。可以在统计时将单词转换为小写，以便识别出所有大小写变化的相同单词。

注意，ChatGPT给出的答案并不符合我们的预期，这也很正常。我们可以再追问如下问题。

但是结果中为何出现“!”？

ChatGPT的回答如下。

在代码中，单词被通过 split() 方法分割时，并没有考虑到标点符号的情况。因此，在这个例子中，字符串 "ChatGPT!" 被当作了一个单词来处理。

为了避免这种情况发生，可以使用正则表达式来将文本分割成单词列表。修改后的代码如下：

```
import re

text = "Hello from ChatGPT! ChatGPT is an AI assistant created by
        Anthropic to be helpful, harmless, and honest."

words = re.findall(r'\b\w+\b', text.lower())
word_counts = dict()

for word in words:
    if word in word_counts:
        word_counts[word] += 1
    else:
        word_counts[word] = 1

top_10 = sorted(word_counts.items(), key=lambda x: x[1], reverse=True)[:10]
print(top_10)
```

使用正则表达式 \b\w+\b 来匹配单词，其中 \b 表示单词边界，\w+ 表示匹配一个或多个字母、数字或下划线字符。这样就能正确地将文本分割成单词列表了，输出结果也不再包含标点符号。

修改之后的代码运行结果如下。

```
[('chatgpt', 2), ('hello', 1), ('from', 1), ('is', 1), ('an', 1), ('ai',
1), ('assistant', 1), ('created', 1), ('by', 1), ('anthropic', 1)]
```

可见，结果符合我们的预期了。

6.3 评审ChatGPT生成的代码

由于ChatGPT是一种自然语言模型，它可以生成文本，包括程序代码。因此，在使用ChatGPT生成程序代码时，最好进行代码评审（Code Review）以确保代码的质量和正确性。

代码评审涉及对代码进行系统化的检查和审查，以确保其符合编码标准、最佳实践和安全要求。在ChatGPT生成的程序代码中，可能存在语法错误、逻辑错误或安全漏洞等问题，因此需要通过代码评审来识别和纠正这些问题。

评审人员应该具备良好的程序设计和开发经验，能够识别常见的编码错误和潜在的安全隐患，并提出改进意见。此外，评审人员还应该关注代码的可读性、可维护性和效率等方面，以确保代码的长期可靠性和可持续性。

总之，对ChatGPT生成的程序代码进行代码评审是非常重要的，有助于确保代码的质量和正确性，并降低代码维护和更新的成本。

为了评审ChatGPT生成的代码，我们可以使用一些工具，这些工具有：静态代码分析、逻辑验证（如单元测试等）和性能测试等。

本章先介绍使用静态代码分析工具评审ChatGPT生成的代码。

重点

静态代码检查工具主要用于自动扫描代码，检查代码是否符合指定的代码规范和最佳实践，发现代码存在的潜在问题。主流的工具有如下几种。

（1）CheckStyle：主要检查Java代码是否符合规范，如函数长度、变量命名、空格使用等。它定义了许多可配置的规则，可以检查ChatGPT生成的Java代码是否满足我们指定的Java代码规范。

（2）PMD：也是Java静态代码分析工具，可以检测不规范的代码，如未使用的变量、未捕获的异常等。可以用来评估ChatGPT Java代码的规范性和鲁棒性。

（3）FindBugs：也用于检测Java Bytecode中的Bug和不规范之处。它包含许多预定义的规则，可以发现ChatGPT Java代码中的潜在问题，如空检查、同步问题等。

（4）Cppcheck：用于检查C/C++代码的静态代码分析工具，可以检测出未初始化的变量、内存泄漏等问题。可以用来评估ChatGPT生成的C/C++代码质量。

（5）PyLint：用于检查Python代码的静态代码分析工具，可以根据PEP 8 Python规范来检查代码，发现不规范之处。可以自动评估ChatGPT生成的Python代码是否符合PEP 8 规范。

使用这些工具，可以自动化评估ChatGPT生成的代码在规范、鲁棒性和质量方面的水平。评估结果可以形成报告，开发人员检查后将需要改进的地方反馈给ChatGPT，要求其生成修订后的代码。如此循环，可以较高效地提高ChatGPT的代码生成能力。

这要求开发人员对这些工具较为熟悉，理解如何根据语言标准和项目要求配置和运行工具，并准确理解评估报告中的问题，才能向ChatGPT提供有针对性的改进建议。静态分析工具与ChatGPT的结合，可以明显减轻开发人员的代码评审工作强度，更高效地提高ChatGPT的代码生成质量。这对于生成较为复杂和高质量要求的代码尤为重要。

综上，代码静态检查工具为开发人员提供另一个维度客观地评估ChatGPT生成代码的能力。理解这类工具并将其与ChatGPT结合应用，可以成为高效使用ChatGPT的重要技能之一。这需要时间的积累与提高，最终会使开发人员成为ChatGPT强大的合作伙伴。

下面我们分别介绍Java代码检查工具CheckStyle、PMD和Python的PyLint工具使用。

6.3.1 使用Java代码检查工具CheckStyle

CheckStyle是一种用于软件开发的工具，可确保代码符合特定的编码标准和指南。它可以帮助识别和标记潜在的问题，如格式错误、命名约定及可能存在的错误或安全漏洞。

安装CheckStyle时笔者建议在对应的IDE工具中安装插件，这种方式比较简单，不需要自己下载工具和配置环境。Java流行的IDE工具是IntelliJ IDEA，我们在IntelliJ IDEA工具中安装CheckStyle插件时，首先选择菜单“File”→“Settings”打开“设置”对话框，然后按照图 6-1 所示操作安装CheckStyle插件。

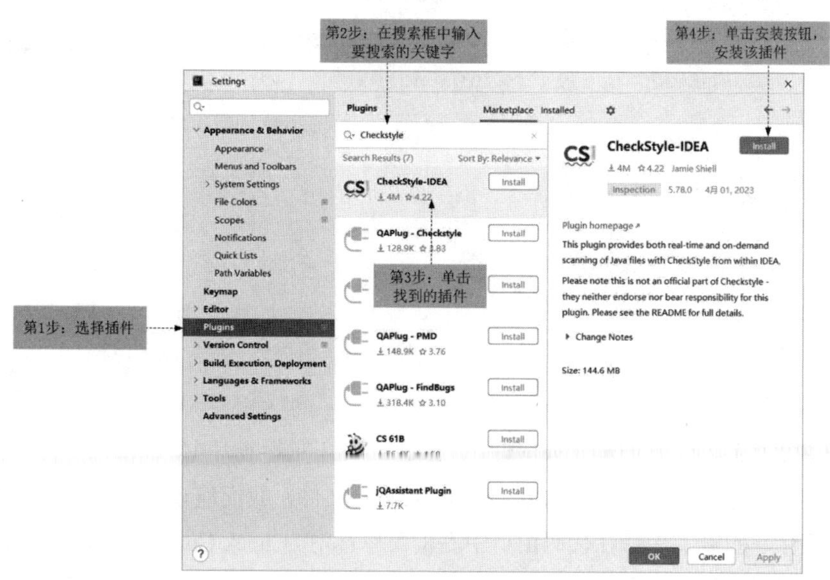

图 6-1　安装CheckStyle插件

插件安装完成后要重启工具，然后就可以使用了。

为测试CheckStyle工具，我们先准备一个糟糕的Java代码文件（BadCodeExample.java），详细的代码如下。

```
public class BadCodeExample {
    public static void main(String[] args) {
        int x = 10;
        System.out.println("x is: " + x);
        for (int i = 0; i < 5; i++) {
            if (i == 3) {
                continue;
            }
            System.out.println("i is: " + i);
        }

        String s1 = "Hello ";
        String s2 = "World!";
        String s3 = s1 + s2;
        System.out.println(s3);

        String s4 = new String("abc");
        String s5 = new String("abc");

        if (s4 == s5) {
            System.out.println("s4 and s5 are equal.");
        } else {
            System.out.println("s4 and s5 are not equal.");
        }

        boolean flag = true;
        if (flag == true) {
            System.out.println("flag is true.");
        }
    }
}
```

这段代码有很多问题，我们看看如何使用CheckStyle工具检查其中的问题。

首先启动IntelliJ IDEA，打开BadCodeExample.java文件，我们应该将BadCodeExample.java文件放到一个项目中，打开文件后在代码窗口中右击菜单选中“Check Current File”，开始检查当前的代码文件，检查结果如图6-2所示。在检查结果的输出窗口中，单击检查的结果项目则会定位到指定的代码，读者可以根据提示修改相应代码。

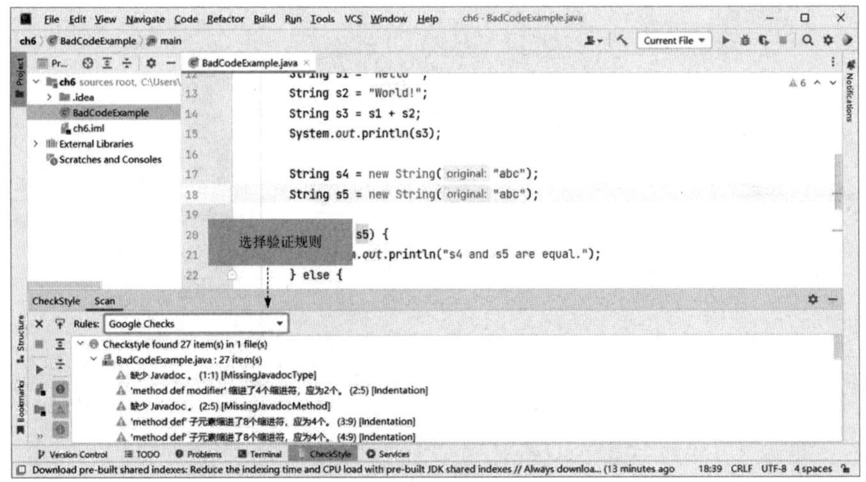

图 6-2 检查文件

读者还可以选择验证规则，这里可以选择Googele或Sun，选择好之后再重新检查。

6.3.2 使用Java代码检查工具PMD

PMD也是一种静态代码分析工具，用于检查Java代码中的潜在问题。它可以帮助开发人员找到一些常见的编码错误、性能问题和不良实践。

PMD使用规则集来定义要检查的问题类型。这些规则包括代码复杂度、未使用的变量、重复的代码、空语句块、不安全的操作等。PMD还提供可视化的报告，以便开发人员识别和修复问题。

PMD可以作为独立的命令行工具使用，也可以与其他开发工具(如Eclipse、IntelliJ IDEA和Maven)集成使用。它非常便于使用，也可以根据项目的需求进行自定义配置和扩展。

下面介绍在IntelliJ IDEA工具中安装PMD插件，安装插件步骤与CheckStyle工具类似。首先打开插件对话框，如图 6-3 所示，即可安装PMD插件。

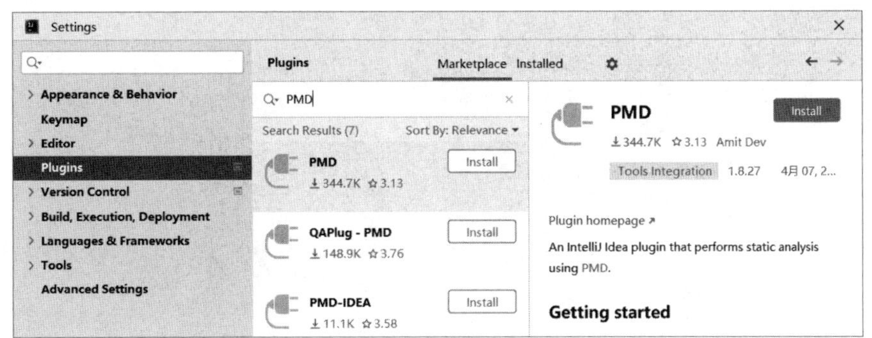

图 6-3 安装PMD插件

为了验证Java代码，我们需要准备一个描述验证规则文件pmd-ruleset.xml，读者可以参考如下代码编写和修改pmd-ruleset.xml文件。

```
<?xml version="1.0" encoding="UTF-8"?>
```

```
<ruleset name="My Java Rules"
         xmlns:xsi="http://www.w3.org/2001/XMLSchema-instance"
         xsi:noNamespaceSchemaLocation="https://pmd.sourceforge.io/ruleset_
                                        xml_schema.xsd"
         xmlns="https://pmd.sourceforge.io/ruleset/2.0.0">

    <description>My custom rules for Java code</description>

     <rule name="UnusedLocalVariable"
           message="Avoid unused local variables or parameters."
           class="net.sourceforge.pmd.lang.java.rule.unusedcode.
                 UnusedLocalVariableRule">
        <description>
            Unused private fields, method parameters and local variables are
            dead code.
        </description>
        <priority>3</priority>
        <example>
            <![CDATA[
                public class Test {
                    private int counter;
                    public void print() {
                        int x = 5;
                        System.out.println(x);
                    }
                }]]>
        </example>
    </rule>

    <rule name="UnusedMethod"
      message="Avoid unused methods."
      class="net.sourceforge.pmd.lang.java.rule.unusedcode.
            UnusedPrivateMethodRule">
        <description>
            Unused private fields, method parameters and local variables are
            dead code.
        </description>
        <priority>3</priority>
        <example>
            <![CDATA[
                public class Test {
                    private int counter;
```

```
                private void unusedMethod() {}
                public void print() {
                    int x = 5;
                    System.out.println(x);
                }
            }]]>
        </example>
    </rule>

</ruleset>
```

将该文件置于IntelliJ IDEA项目的根目录下，如图 6-4 所示。

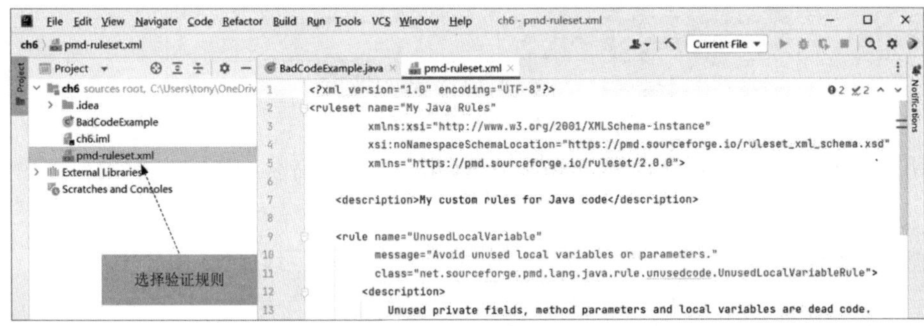

图 6-4　使用PMD

打开要检查的代码，在代码窗口中右击菜单选中“Run PMD”→“Pre Defined”→“All”，则开始检查当前的代码文件，检查结果如图 6-5 所示。在检查结果的输出窗口中，单击检查的结果项目则会定位到指定的代码，读者可以根据提示修改相应代码。

图 6-5　检查文件

如果想导出检查报告，可以单击如图 6-5 所示的“输出”窗口左下角的“导出”按钮，此时会弹出如图 6-6 所示的对话框。

图 6-6　导出文件对话框

在弹出的对话框中，读者可以选择保存文件的路径和文件命名，然后单击“Save”按钮保存报告文件。

检测报告的结果非常简单，笔者在这里就不再解释了，读者可以自己去查看。

6.3.3 使用Python代码检查工具PyLint

前面介绍了有关Java的代码检测工具，现在介绍Python的代码检测工具PyLint。

首先需要安装PyLint工具，在命令提示符中使用pip指令安装，如图 6-7 所示。

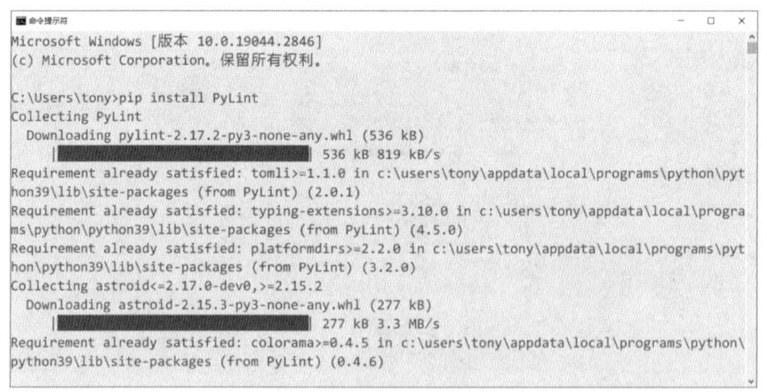

图 6-7　安装 PyLint 工具

为了在PyCharm（Python IDE工具）中使用PyLint工具，需要在PyCharm中安装插件PyLint。由于PyCharm和IntelliJ IDEA都是JetBrains公司开发的IDE工具，它们的操作界面非常类似，所以安装插件的过程也是非常类似的。如图 6-8 所示，在插件对话框中搜索“PyLint”插件，找到之后单击“Install”按钮安装插件。

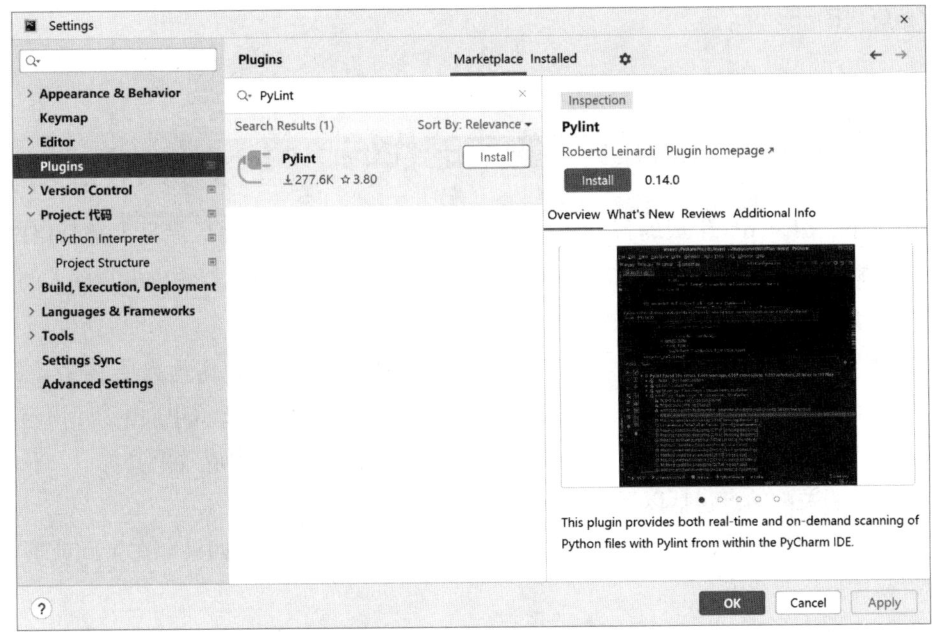

图 6-8　安装 PyLint 插件

安装完成后重启 PyCharm 就可以使用了。

为测试 PyLint 工具，我们先准备一个糟糕的 Python 代码文件（BadCodeExample.py），详细的代码如下。

```
def do_something():
    name = "John"  # 少了类型提示
    age = 30   # 变量命名不规范

    if age > 20:
        print(f"{name} is older than 20.")
```

为了在 PyCharm 检查代码，我们需要创建一个项目，把要检查的代码放到项目，然后打开 BadCodeExample.py 文件，在代码窗口中右击菜单选中“Check Current File”，开始检查当前的代码文件，检查结果如图 6-9 所示。在检查结果的输出窗口中单击检查的结果项目则会定位到指定的代码，读者可以根据

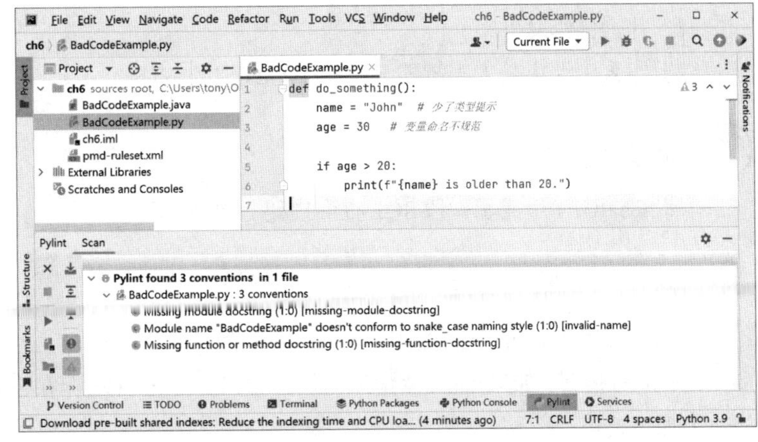

图 6-9　检查文件

提示修改相应代码。

6.4 人工评审ChatGPT生成的代码

一般情况下，ChatGPT生成的代码已经经过了多次训练和优化，可以满足大部分用户的需求。然而，在某些特殊场景下，如需要高度精确、高质量的代码或需要对机器输出进行深入的定制和调整时，人工评审仍然是必要的。

人工评审ChatGPT生成的代码，是确保代码质量的重要手段。作为人类读者，我们具有ChatGPT所不具备的深入理解语言与业务的能力。人工评审可以发现ChatGPT由于知识与经验限制而未能发现的问题，以人工智能与人的结合，真正实现高质量代码的生成效果。

人工评审需要关注的点包括以下几个方面。

（1）业务逻辑：ChatGPT是否正确理解并实现了业务需求与逻辑？如果存在疑问或不符合预期的地方，需要提出修改建议。

（2）算法与效率：ChatGPT使用的算法与数据结构是否最优？是否存在影响效率的地方？需要分析并提出优化建议。

（3）可读性：生成的代码是否具有较高的可读性？需要检查命名、注释、格式等，提高代码的易理解性。

（4）规范性：代码是否符合行业标准与约定？需要检验生成的代码是否符合相应语言与框架的编码规范，并要求进行修正。

（5）扩展性：代码是否具备较好的扩展性？需要评估生成的代码架构与设计是否有利于未来的扩展与维护，提供重构建议。

（6）安全性：是否存在安全隐患？需要审查代码是否存在SQL注入、XSS跨站等安全问题，以及是否遵循Secure SDLC安全开发流程等。

（7）漏洞与Bug：需要仔细阅读并测试生成的代码，查找是否存在任何 ChatGPT未发现的Bug或漏洞，并提供修复方案。

综上，人工评审是人工智能开发中不可或缺的一环。

动手示例

假设ChatGPT生成了一段SQL查询代码，具体如下。

```
SELECT * FROM users WHERE name = '$name' AND age > $age;
```

在人工评审中，可能会发现以下几点需要提出改进建议。

（1）业务逻辑：如果name变量来自用户输入，这个SQL存在SQL注入漏洞。需要要求ChatGPT修改为如下代码。

```
SELECT * FROM users WHERE name = ? AND age > ?;
```

使用参数化查询修复漏洞。

(2)可读性：变量名$name与$age可读性太差，应改为更有意义的名字。建议修改为如下代码。

```
SELECT * FROM users WHERE user_name = ? AND user_age > ?;
```

(3)规范性：SQL关键字与表名等应大写。建议修改为如下代码。

```
SELECT * FROM USERS WHERE USER_NAME = ? AND USER_AGE > ?;
```

(4)算法与效率：如果只需要name与age两列，应指定列而非SELECT *。建议修改为如下代码。

```
SELECT USER_NAME, USER_AGE FROM USERS WHERE USER_NAME = ? AND USER_AGE > ?;
```

(5)漏洞与Bug：如果user_age字段类型为字符串，>比较将报错。需要验证字段类型，如果是字符串应使用>''字符串比较。

综上，通过对简单的SQL查询的人工评审，我们发现并要求ChatGPT修复了SQL注入漏洞，提高了可读性与规范性，优化了查询效率，并避免了未来的Bug。如果ChatGPT能够吸取这些评审经验，在生成下一个SQL查询代码时就可以避开这些问题，写出高质量的代码。

6.5 本章总结

本章详细介绍了如何使用ChatGPT编写高质量的程序代码，包括代码编写的一般步骤和规范、代码需求的描述、代码细节的补全、函数的编写等方面。此外，本章还介绍了如何使用常用的Python代码语法检查工具和注释机制来维护代码。这些内容能够帮助读者更好地了解如何编写高质量的程序代码，提高代码的可读性和可维护性。

如何使用 ChatGPT 辅助进行系统测试

ChatGPT 等 AI 技术可以为系统测试的各个环节提供辅助，特别是在较为规则或重复性较高的任务中发挥作用。但是由于 AI 天然的局限，完全取代人工测试还存在一定难度。更佳的方式是人机协同，发挥各自的优势。

软件测试种类虽然有很多，但主要可分为如下两种。

（1）功能测试，目的是确保软件满足其预期的需求，并且按照设计正确地运行。这种测试涉及验证软件的每个特性或功能，以确保它们执行符合预期需求并产生正确的输出。

（2）性能测试，旨在评估系统处理大量工作负荷的能力，并在各种条件下维护其性能表现。这包括测量软件的响应时间、吞吐量、可扩展性和稳定性，以确定其在不同压力和负载水平下的表现。

本章我们按照功能测试和性能测试两条主线介绍 ChatGPT 如何辅助进行系统测试。

7.1 ChatGPT如何辅助进行功能测试

功能测试的目的是确保软件满足其预期的需求，并且按照设计正确地运行，因此需要单元测试（Unit Testing）。

7.1.1 单元测试与测试用例

单元测试是针对程序中最小可测试单元（如函数、类或模块）的测试方法。作为程序员，我们对代码进行测试属于单元测试的范畴。单元测试对于高质量、健壮的软件开发来说非常重要。

为了实施单元测试，需要根据系统需求设计测试用例（test case）。

测试用例是用于验证软件功能是否符合需求的一组输入、预期结果和测试步骤的描述。它是进行软件测试的基本单元，也是测试人员设计测试方案和执行测试的依据。

7.1.2 案例1：词频分析模块单元测试

假设我们写了一段提取文本中词频最高的 10 个词的代码模块 word_frequency，代码如下。

```
import re

def calculate_word_frequency(text):
    words = re.findall(r'\b\w+\b', text.lower())
    word_counts = dict()

    for word in words:
        if word in word_counts:
            word_counts[word] += 1
        else:
```

```
            word_counts[word] = 1

    top_10 = sorted(word_counts.items(), key=lambda x: x[1], reverse=True)
[:10]
    return top_10
```

动手示例

可以让ChatGPT帮助我们生成单元测试代码，由于calculate_word_frequency()函数是封装在word_frequency模块中的，因此需要说明我们的函数在哪个模块中，该函数传入的参数是什么，以及返回的值是什么。

给ChatGPT发送请求消息如下。

word_frequency模块定义了calculate_word_frequency()函数，函数calculate_word_frequency的接口如下，请帮我生成基于unittest测试框架的测试程序。

输入：一个字符串 text，表示要计算单词频率的文本内容。

输出：返回一个列表，包含出现频率最高的前 10 个单词。每个单词及其对应的频率被存储在元组中，该元组又作为列表的一个元素，列表按照单词频率从高到低排序。

ChatGPT的回答如下。

下面是一个关于 calculate_word_frequency() 函数的例子单元测试程序，使用了Python自带的 unittest 框架。

```
import unittest
from word_frequency import calculate_word_frequency


class TestWordFrequency(unittest.TestCase):
    """word_frequency模块测试"""

    def test_normal_text(self):
        """正常文本场景"""
        text = "Hello, welcome to the world! Hello, welcome to the world!"
        expected = [("hello", 2), ("welcome", 2), ("to", 2), ("the", 2),
                    ("world", 2)]
        actual = calculate_word_frequency(text)
        self.assertListEqual(expected, actual)
```

```
    def test_empty_text(self):
        """空文本场景"""
        text = ""
        expected = []
        actual = calculate_word_frequency(text)
        self.assertListEqual(expected, actual)

    def test_punctuation_text(self):
        """包含标点符号的文本场景"""
        text = "Hello, welcome! Hello. Hi, there?"
        expected = [("hello", 2), ("welcome", 1), ("hi", 1), ("there", 1)]
        actual = calculate_word_frequency(text)
        self.assertListEqual(expected, actual)

    def test_mixed_case_text(self):
        """大小写混合的文本场景"""
        text = "Hello, Welcome to the World! hello, welcome to the world!"
        expected = [("hello", 2), ("welcome", 2), ("to", 2), ("the", 2),
                    ("world", 2)]
        actual = calculate_word_frequency(text)
        self.assertListEqual(expected, actual)


if __name__ == "__main__":
    unittest.main()
```

测试代码包含以下几种。

（1）TestWordFrequency测试用例类，继承unittest.TestCase。

（2）4个测试方法，分别代表正常文本、空文本、包含标点符号的文本及大小写混合的文本场景。

（3）在每个测试方法中，输入测试文本，定义期望的结果expected，调用被测函数并获得实际结果actual。

（4）使用self.assertListEqual()断言方法比较expected和actual，判断测试是否通过。

在文件末尾调用unittest.main()运行测试，这是基于unittest框架为word_frequency模块编写的简单测试程序，读者可以根据word frequency函数的更详细需求来添加更多测试场景和用例。

运行测试程序可以使用python -m unittest word_frequency_test.py命令，或者在PyCharm工具中运行测试程序。如图 7-1 所示，四个测试用例全部通过，说明测试成功。

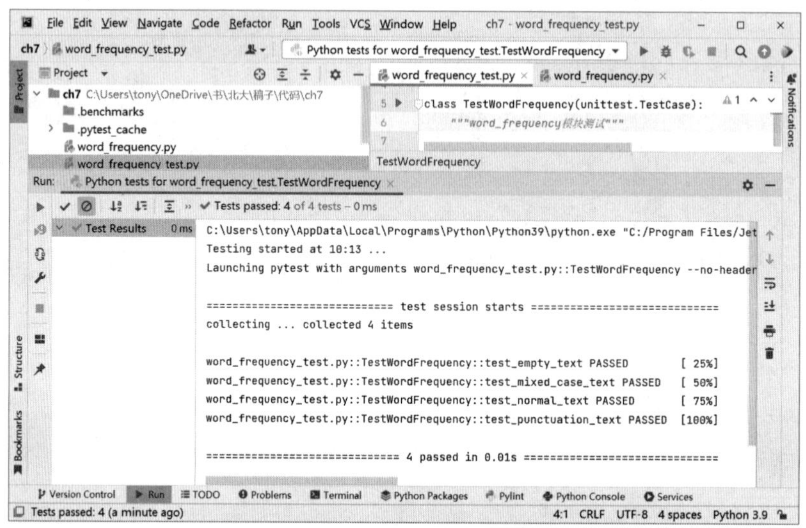

图 7-1　在 PyCharm 中运行测试程序

7.1.3 案例2：使用ChatGPT辅助生成设计测试用例

下面以某个用户注册及登录网站功能为例，介绍如何使用ChatGPT辅助设计测试用例。

动手示例

让ChatGPT辅助设计测试用例时，需要给出一些示例需求描述。

示例发送如下请求消息。

某个用户注册及登录网站功能，需求如下，帮我设计测试用例。

用户需要能够注册和登录网站，以便能够访问网站的功能。

注册表单需要包含必要信息，如用户名、密码和电子邮件地址，并且应该能够在没有错误的情况下提交。

如果用户输入了不正确的信息或格式，则应该在注册页面得到相关的错误消息。

在成功注册后，用户应该能够登录并访问网站的其他功能。

ChatGPT的回答如下。

以下是一些测试用例设计建议，覆盖您提出的用户需求：

【测试系统】某个用户注册及登录网站功能

【测试用例 1：正常注册场景】

输入：

用户名：testuser1

密码：testpass123

确认密码：testpass123
电子邮件地址：testuser1@example.com
操作步骤：
访问网站首页，单击“注册”按钮
在注册页面填写上述输入信息
单击“注册”按钮
预期结果：
显示“注册成功”提示
跳转到登录页面

【测试用例 2：用户名已存在场景】
输入：
用户名：testuser1（已存在）
密码：testpass123
确认密码：testpass123
电子邮件地址：testuser2@example.com
操作步骤：
访问网站首页，单击“注册”按钮
在注册页面填写上述输入信息
单击“注册”按钮
预期结果：
显示“该用户名已存在，请选择其他用户名”提示
保留用户填写的原有信息

【测试用例 3：密码不匹配场景】
输入：
用户名：testuser2
密码：testpass123
确认密码：testpass321
电子邮件地址：testuser2@example.com
操作步骤：
访问网站首页，单击“注册”按钮
在注册页面填写上述输入信息
单击“注册”按钮
预期结果：
显示“两次输入的密码不匹配，请重新输入”提示
保留用户填写的原有信息

【测试用例 4：邮箱格式错误场景】

```
输入:
    用户名: testuser3
    密码: testpass123
    确认密码: testpass123
    电子邮件地址: testuser3example.com(无@符号)
    操作步骤:
    访问网站首页，单击“注册”按钮
    在注册页面填写上述输入信息
    单击“注册”按钮
    预期结果:
    显示“请输入有效的电子邮件地址”提示
    保留用户填写的原有信息
【测试用例 5: 正常登录场景】
输入:
    用户名: 已注册的用户名
    密码: 已注册用户的密码
    操作步骤:
    访问网站首页，单击“登录”按钮
    在登录页面输入上述输入信息
    单击“登录”按钮
    预期结果:
    跳转到网站主页
    显示欢迎消息或已登录用户的相关信息
【测试用例 6: 用户名不存在场景】
输入:
    用户名: 不存在的用户名
    密码: 任意密码
    操作步骤:
    访问网站首页，单击“登录”按钮
    在登录页面输入上述输入信息
    单击“登录”按钮
    预期结果:
    显示“该用户名不存在”提示
    保留用户填写的原有信息
【测试用例 7: 密码不正确场景】
输入:
```

用户名：已注册的用户名
密码：错误的密码
操作步骤：
访问网站首页，单击“登录”按钮
在登录页面输入上述输入信息
单击“登录”按钮
预期结果：
显示“密码错误，请重新输入”提示
保留用户填写的原有信息
【测试用例 8：密码长度错误场景】
输入：
用户名：testuser4
密码：123
确认密码：123
电子邮件地址：testuser4@example.com
操作步骤：
访问网站首页，单击“注册”按钮
在注册页面填写上述输入信息
单击“注册”按钮
预期结果：
显示“密码长度不能小于 6 个字符”提示
保留用户填写的原有信息
【测试用例 9：用户名长度错误场景】
输入：
用户名：testusernameexceedingthelimit
密码：testpass123
确认密码：testpass123
电子邮件地址：testuser5@example.com
操作步骤：
访问网站首页，单击“注册”按钮
在注册页面填写上述输入信息
单击“注册”按钮
预期结果：
显示“用户名长度不能超过 20 个字符”提示
保留用户填写的原有信息
【测试用例 10：密码强度检查场景】

输入：

用户名：testuser6

密码：abcdefg

确认密码：abcdefg

电子邮件地址：testuser6@example.com

操作步骤：

访问网站首页，单击“注册”按钮

在注册页面填写上述输入信息

单击“注册”按钮

预期结果：

显示“密码不符合要求，必须包含大小写字母和数字”提示

保留用户填写的原有信息

笔者归纳了这些测试用例，把这些测试用例放到一个表格中，如表 7-1 所示，由于篇幅有限只展示了前 4 个测试用例。

表 7-1　测试用例表（前 4 个用例）

序号	测试用例	输入	操作步骤	预期结果
1	测试用例1:正常注册场景	用户名:testuser1 密码:testpass123 确认密码:testpass123 电子邮件地址:testuser1@example.com	访问网站首页,点击"注册"按钮 在注册页面填写上述输入信息 点击"注册"按钮	显示"注册成功"提示 跳转到登录页面
2	测试用例2:用户名已存在场景	用户名:testuser1(已存在) 密码:testpass123 确认密码:testpass123 电子邮件地址:testuser2@example.com	访问网站首页,点击"注册"按钮 在注册页面填写上述输入信息 点击"注册"按钮	显示"该用户名已存在,请选择其他用户名"提示 保留用户填写的原有信息
3	测试用例3:密码不匹配场景	用户名:testuser2 密码:testpass123 确认密码:testpass321 电子邮件地址:testuser2@example.com	访问网站首页,点击"注册"按钮 在注册页面填写上述输入信息 点击"注册"按钮	显示"两次输入的密码不匹配,请重新输入"提示 保留用户填写的原有信息
4	测试用例4:邮箱格式错误场景	用户名:testuser3 密码:testpass123 确认密码:testpass123 电子邮件地址:testuser3example.com	访问网站首页,点击"注册"按钮 在注册页面填写上述输入信息 点击"注册"按钮	显示"请输入有效的电子邮件地址"提示 保留用户填写的原有信息

7.1.4 案例3：ChatGPT辅助生成测试代码

ChatGPT 可以辅助生成测试骨架代码，但是具体细节还需要开发人员来实现。我们可以提供测试用例的描述，然后让ChatGPT 帮我们生成骨架代码。

动手示例

让ChatGPT 辅助设计生成测试代码，需要提供测试用例，由于测试用例很多会受字符的限制，所以我们只生成 4 个测试。

示例发送如下请求消息。

我有如下几个测试用例帮助我生成基于unittest 框架的测试代码。

【测试用例 1：正常注册场景】

输入：

用户名：testuser1

密码：testpass123

确认密码：testpass123

电子邮件地址：testuser1@example.com

操作步骤：

访问网站首页，单击“注册”按钮

在注册页面填写上述输入信息

单击“注册”按钮

预期结果：

显示“注册成功”提示

跳转到登录页面

【测试用例 2：用户名已存在场景】

输入：

用户名：testuser1（已存在）

密码：testpass123

确认密码：testpass123

电子邮件地址：testuser2@example.com

操作步骤：

访问网站首页，单击“注册”按钮

在注册页面填写上述输入信息

单击“注册”按钮

预期结果：

显示“该用户名已存在，请选择其他用户名”提示

保留用户填写的原有信息
【测试用例 3：密码不匹配场景】
输入：
用户名：testuser2
密码：testpass123
确认密码：testpass321
电子邮件地址：testuser2@example.com
操作步骤：
访问网站首页，单击“注册”按钮
在注册页面填写上述输入信息
单击“注册”按钮
预期结果：
显示“两次输入的密码不匹配，请重新输入”提示
保留用户填写的原有信息
【测试用例 4：邮箱格式错误场景】
输入：
用户名：testuser3
密码：testpass123
确认密码：testpass123
电子邮件地址：testuser3example.com（无@符号）
操作步骤：
访问网站首页，单击“注册”按钮
在注册页面填写上述输入信息
单击“注册”按钮
预期结果：
显示“请输入有效的电子邮件地址”提示
保留用户填写的原有信息

ChatGPT的回答如下。

根据您提供的测试用例，这里是基于unittest框架的测试代码：

```
import unittest

class RegisterTest(unittest.TestCase):
    """注册功能测试"""
    def setUp(self):
```

```
        """测试前置条件"""
        # 访问首页，单击注册按钮
    def test_normal_register(self):
        """测试用例 1：正常注册场景"""
        ...
    def test_username_exist(self):
        """测试用例 2：用户名已存在场景"""
        ...
    def test_password_not_match(self):
        """测试用例 3：密码不匹配场景"""
        ...
    def test_email_invalid(self):
        """测试用例 4：邮箱格式错误场景"""
        # 在注册页面填写用户名、密码、确认密码、错误格式的邮箱
        # 单击注册按钮
        # 验证结果：显示邮箱格式错误提示，保留用户填写的原有信息
if __name__ == "__main__":
    unittest.main()
```

上述代码只是测试骨架代码，其中的（...）部分是占位符，开发人员还要根据自己的实际代码情况进一步编写测试代码。

7.2 ChatGPT与测试驱动开发最佳实践

测试驱动开发（Test-Driven Development，TDD）本身就需要较高的技能和素质，更适合优秀的程序员和团队来实践。如果再配合ChatGPT这样的AI助手，优秀程序员的软件开发效率和质量会大大提高，如虎添翼。

7.2.1 优秀的程序员与测试驱动开发

那什么是测试驱动开发呢？测试驱动开发是一种较为严格的软件开发方法，其核心思想是在编写代码之前先编写测试用例，并确保这些测试用例覆盖所有的功能需求和场景。虽然测试驱动开发能够提高软件质量和可维护性，但确实需要团队成员具备较高的技术水平，并严格执行纪律，因此可能会有一定的困难。

优秀的程序员通常都比较擅长测试驱动开发（TDD）。TDD是一种敏捷的软件开发方法，主要思想如下。

（1）先编写测试用例，指定某个功能的预期行为或结果。

（2）然后才编写实现代码，通过该测试用例。

（3）不断重复（1）和（2），逐步完善代码和测试用例。

优秀程序员擅长TDD的主要原因有以下几个。

（1）他们有很强的逻辑思维能力，可以清晰地定义功能的预期结果和边界条件，设计高质量的测试用例。

（2）他们追求高质量的代码，使用TDD可以有效地规避Bug，及早发现错误并修复。

（3）他们重视反馈，通过运行测试用例得到的反馈来指导编码，这种方式可以高效地设计出满足需求的解决方案。

（4）他们善于模块化和抽象思维，可以将复杂的问题拆分为简单的模块和方法，逐步实现并测试。

（5）他们习惯于不断重构和优化代码，使用TDD后可以放心地重构，因为有测试用例进行回归测试，以确保不引入新Bug。

（6）他们重视代码质量和项目的可维护性，TDD可以生成易于维护和扩展的代码，因为代码是由测试用例驱动产生的，已经达到较高的内聚性和低耦合性。

总之，使用TDD是优秀程序员的重要技能和习惯，它可以帮助开发出高质量、易维护的软件，提高开发效率和项目成功率。任何程序员都可以通过不断练习，熟练掌握TDD技能，写出更加优秀的代码。

7.2.2 案例4：实施测试驱动开发计算器

前面介绍了很多理论，下面通过案例介绍如何实施测试驱动开发。

动手示例

下面是一个测试驱动开发的案例。首先编写测试用例，这里我们设计一个计算器类（Java语言实现）的测试用例，代码如下。

```
public class CalculatorTest {
    @Test
    public void testAdd() {
        Calculator calculator = new Calculator();
        int result = calculator.add(1, 2);
        assertEquals(3, result);
    }
}
```

运行测试，结果显示测试失败，因为Calculator类还不存在，图 7-2 所示是在IntelliJ IDEA中运行测试程序。

编写Calculator类，代码如下。

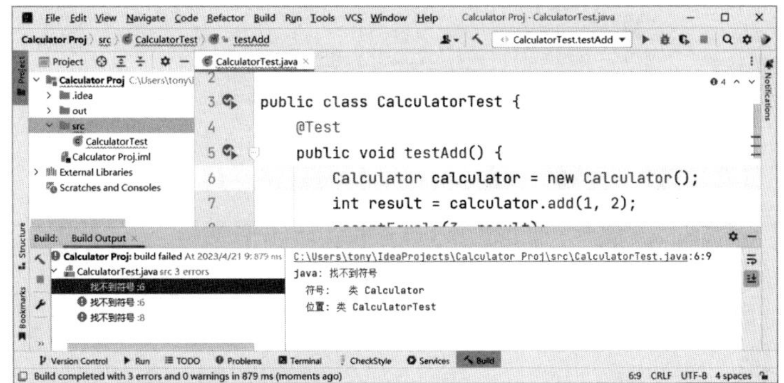

图 7-2 在 IntelliJ IDEA 中运行测试程序（一）

```
public class Calculator {
    public int add(int a, int b) {
        return 0;
    }
}
```

再次运行测试，结果仍显示测试失败，因为add()方法返回值不正确，图 7-3 所示是在IntelliJ IDEA中运行测试程序。

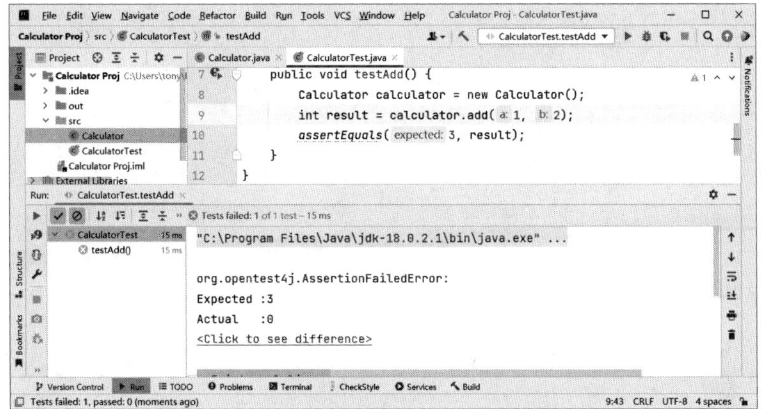

图 7-3 在 IntelliJ IDEA 中运行测试程序（二）

修改Calculator类，代码如下。

```
public class Calculator {
    public int add(int a, int b) {
        return a + b;
    }
}
```

运行测试，结果显示测试通过！图 7-4 所示是在IntelliJ IDEA中运行测试程序。

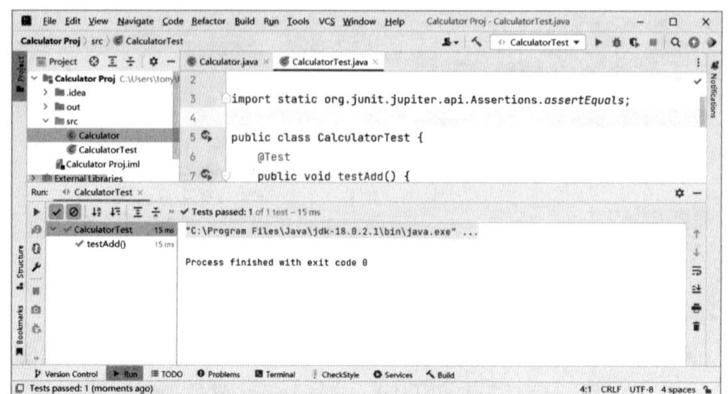

图 7-4　在 IntelliJ IDEA 中运行测试程序（三）

编写新的测试用例，代码如下。

```
public class CalculatorTest {
    @Test
    public void testAdd() {
        // ...
    }

    @Test
    public void testSubtract() {
        Calculator calculator = new Calculator();
        int result = calculator.subtract(2, 1);
        assertEquals(1, result);
    }
}
```

运行测试，结果显示 testSubtract() 测试失败，图 7-5 所示是在 IntelliJ IDEA 中运行测试程序。

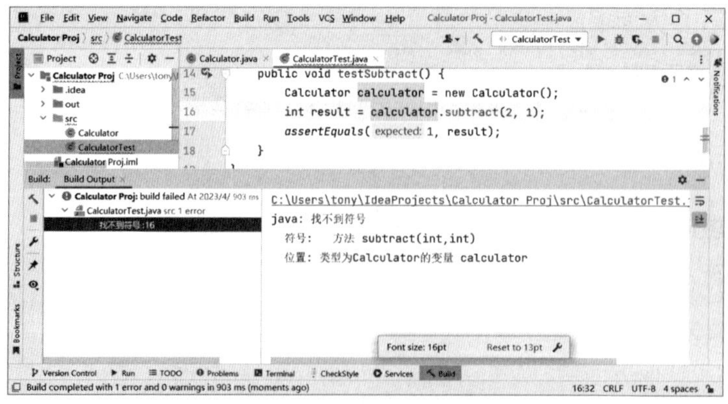

图 7-5　在 IntelliJ IDEA 中运行测试程序（四）

修改 Calculator 类，代码如下。

```
public class Calculator {
    public int add(int a, int b) {
        return a + b;
    }

    public int subtract(int a, int b) {
        return a - b;
    }
}
```

再次运行测试，全部测试通过！

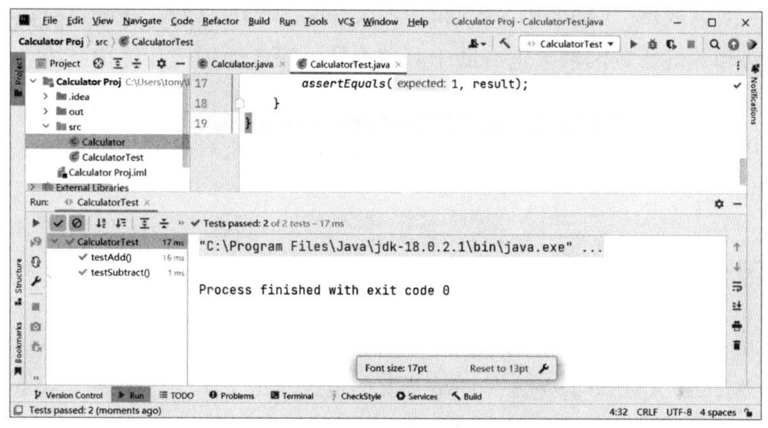

图 7-6　在 IntelliJ IDEA 中运行测试程序

通过不断编写测试用例→运行测试→修改代码的迭代过程，最终达到全部测试通过的目标，这就是一个简单的测试驱动开发案例。这种开发方式可以有效地推动软件的开发进度和提高代码质量。

7.2.3 使用ChatGPT辅助实施测试驱动开发

ChatGPT 可以在多方面辅助程序员实施 TDD，但主要还是从如下两个方面入手。

1. 快速生成测试用例

ChatGPT 可以根据功能需求、输入条件和预期结果自动生成相关的测试用例。这可以大大减少程序员编写测试用例的工作量，提高测试用例的覆盖度。

2. 撰写简单实现代码

根据测试用例，ChatGPT 也具备一定的编码能力，可以快速生成满足测试要求的简单实现代码。程序员只需重构和完善该代码就可以快速启动开发。

前面已经介绍了这两方面的操作，在此不再赘述。单元测试有效实施的关键还是人，ChatGPT 只是一个辅助工具。

7.3 ChatGPT如何辅助进行性能测试

ChatGPT可以在多方面辅助程序员进行性能测试，具体如下。

（1）生成性能测试用例。ChatGPT可以根据系统需求和瓶颈点，设计覆盖关键场景的性能测试用例。这可以帮助测试人员更全面地评估系统性能。

（2）提出性能优化建议。在测试过程中，ChatGPT可以分析测试报告和性能数据，找到系统的性能瓶颈所在，并提出优化建议，指导程序员进行优化。

（3）监控和报告性能指标。ChatGPT可以实时跟踪关键性能指标如CPU、内存使用率、响应时间、吞吐量等，并生成相应报告，方便测试人员监控和分析系统性能。

（4）比较多套测试数据。ChatGPT可以保存多次性能测试的数据，并进行对比和分析，找出系统性能变化的趋势和关键影响因素。这有助于测试人员更深入地理解和优化系统。

（5）提供性能测试相关知识。ChatGPT熟知各种性能测试工具、框架和技术，可以推荐给程序员并提供相关使用说明和最佳实践。这可以帮助测试人员选择更合适的工具和技术，设计出质量更高的测试方案。

7.3.1 使用测试工具

在性能测试方面有很多工具可以选择，常用的性能测试工具有以下几种。

（1）Apache JMeter：Apache JMeter是一款开源的负载测试工具，主要用于Web应用程序的性能测试。它可以模拟多种网络协议和场景，支持多线程、分布式测试等功能，并提供丰富的图表和报告，方便用户进行结果分析。

（2）Gatling：Gatling是一款基于Scala语言开发的高性能负载测试工具，也适用于Web应用程序的性能测试。它采用异步、事件驱动和非阻塞I/O等技术，具有出色的并发性能和吞吐量，并支持多种协议和场景的测试。

（3）LoadRunner：LoadRunner是一款商业化的负载测试工具，主要用于测试大型、复杂的Web应用程序和企业级系统的性能。它支持多种协议和场景的测试，包括Web、移动、Java、SAP等，并提供丰富的监控和分析功能，使用户能够深入了解系统性能瓶颈产生的原因。

（4）VisualVM：VisualVM是一款免费的Java虚拟机监控和分析工具，可以用于实时监测Java应用程序的内存、CPU、线程等运行状态，并提供相关的分析工具和插件，帮助用户诊断和优化程序的性能问题。

（5）JMH：JMH（Java Microbenchmark Harness）是一款专门用于Java微基准测试[①]的工具，提供了一系列的API和注解，方便用户编写和运行性能测试，并支持多线程、热点代码识别、预热等功

① 微基准测试（Microbenchmark）指的是对程序中小段代码或单个方法的性能进行精细化测试的过程，通常用于评估代码修改或优化对程序性能的影响。微基准测试需要考虑多种因素，如垃圾回收、JIT编译器、CPU缓存等，以保证测试结果的准确性和可重复性。

能，可以帮助开发人员更好地评估代码修改对程序性能的影响。

ChatGPT这些工具都有一定的辅助作用，下面重点介绍ChatGPT辅助进行微基准测试。

7.3.2 案例5：ChatGPT辅助进行微基准测试

为了测试程序代码的性能，可以使用微基准测试工具来进行精细化的性能测试。将ChatGPT作为辅助工具，可以更好地编写、运行和分析微基准测试，提高测试效率和准确性。具体而言，ChatGPT可以帮助我们生成与执行测试用例，并协助分析测试报告，以便更好地理解程序性能瓶颈产生的原因和定位问题。

如果你的程序代码是Java代码，我们推荐使用JMH进行测试。

1. JMH 安装和参加项目

如果使用IntelliJ IDEA工具，那么在创建项目时要选择Maven支持，如图 7-7 所示。

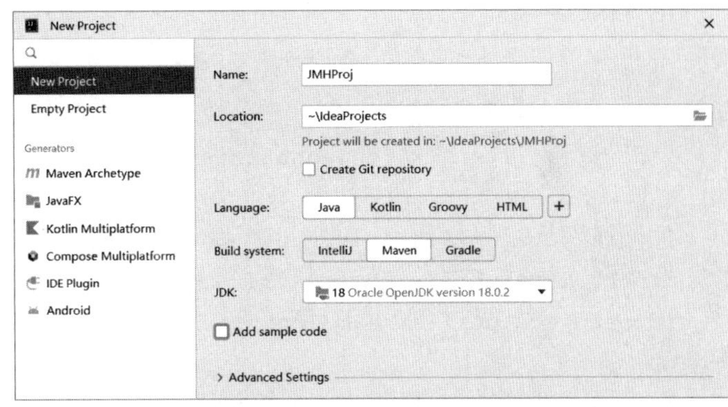

图 7-7　在 IntelliJ IDEA 中创建项目

创建一个Java项目或打开现有的Java项目。在项目的“pom.xml”文件中添加JMH依赖项，代码如下。

```
<dependencies>
    <!-- JMH -->
    <dependency>
        <groupId>org.openjdk.jmh</groupId>
        <artifactId>jmh-core</artifactId>
        <version>1.32</version>
    </dependency>
    <dependency>
        <groupId>org.openjdk.jmh</groupId>
        <artifactId>jmh-generator-annprocess</artifactId>
        <version>1.32</version>
        <scope>provided</scope>
    </dependency>
</dependencies>
```

在测试类上添加JMH注解（如@Benchmark和@State）以定义基准测试方法和测试状态，代码如下。

```
    @State(Scope.Thread)
    public class MyBenchmark {
```

```
        @Benchmark
        public void myTest() {
            // Test code here
        }
    }
```

项目创建好之后，就可以编写测试类了。假设我们要比较如下两个求和方法的性能差异。

（1）sum计算整数值总和。

（2）sumParallel串行计算整数值总和。

参考代码如下。

```
package com.example;

import org.openjdk.jmh.annotations.*;

import java.util.concurrent.TimeUnit;
import java.util.concurrent.atomic.AtomicInteger;
import java.util.stream.IntStream;

@BenchmarkMode(Mode.Throughput)
@Warmup(iterations = 3)
@Measurement(iterations = 5)
@Fork(1)
@OutputTimeUnit(TimeUnit.SECONDS)
public class SumBenchmark {
    @Benchmark
    public int sum() {
        int sum = 0;
        for (int i = 0; i < 10; i++) {
            sum += i;
        }
        return sum;
    }

    @Benchmark
    public int sumParallel() {
        AtomicInteger sum = new AtomicInteger();
        IntStream.range(0,10).parallel().forEach(i -> sum.addAndGet(i));
        return sum.get();
    }
```

```
}
```

上面的代码会测试 sum()和 sumParallel()两个方法的吞吐量，每次测试前会进行 3 轮热身，然后正式测试 5 轮，测试结果的时间单位为秒。

JMH 可以测试很多 Java 性能指标，如吞吐量、执行时间、CPU 和内存使用情况等。

2. 运行测试程序

如果在 IntelliJ IDEA 工具运行基准测试，笔者推荐安装 IntelliJ IDEA 插件，如图 7-8 所示，搜索并安装 JMH 插件的具体过程请参考 6.3.1 小节。

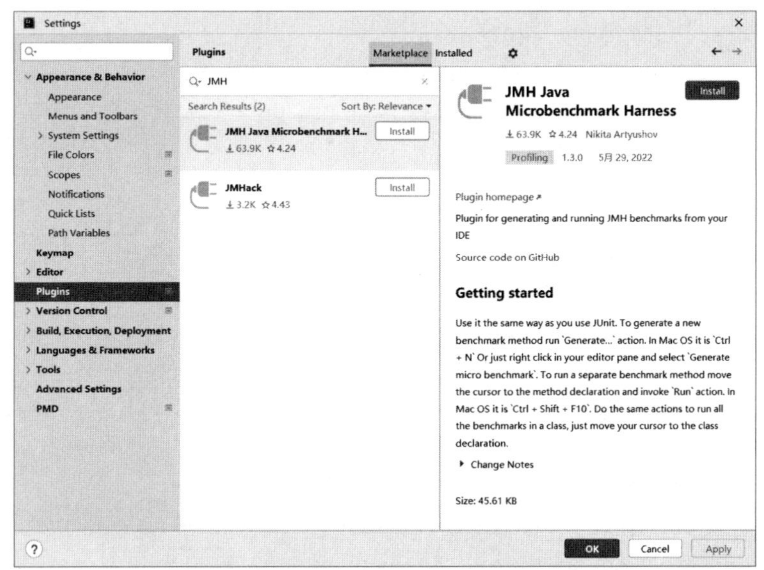

图 7-8　在 IntelliJ IDEA 中安装 JMH 插件

安装完成后重新启动 IntelliJ IDEA 工具，就可以运行测试程序了。在代码窗口中打开要测试的文件，右击菜单选中“Run 'SumBenchmark.*'”，或按组合键“Ctrl+Shift+F10”，就可以运行了。

此次测试可能需要较长时间，请耐心等待，测试结束后就可以在输出窗口中查看测试报告，具体如下。

```
# JMH version: 1.32
# VM version: JDK 18.0.2.1, Java HotSpot(TM) 64-Bit Server VM, 18.0.2.1+1-1
# VM invoker: C:\Program Files\Java\jdk-18.0.2.1\bin\java.exe
# VM options: -javaagent:C:\Program Files\JetBrains\IntelliJ IDEA Community
Edition 2022.2.3\lib\idea_rt.jar=61337:C:\Program Files\JetBrains\IntelliJ
IDEA Community Edition 2022.2.3\bin -Dfile.encoding=UTF-8 -Dsun.stdout.
encoding=UTF-8 -Dsun.stderr.encoding=UTF-8
# Blackhole mode: full + dont-inline hint
# Warmup: 3 iterations, 10 s each
# Measurement: 5 iterations, 10 s each
```

```
# Timeout: 10 min per iteration
# Threads: 1 thread, will synchronize iterations
# Benchmark mode: Throughput, ops/time
# Benchmark: com.example.SumBenchmark.sum

# Run progress: 0.00% complete, ETA 00:02:40
# Fork: 1 of 1
# Warmup Iteration   1: 541345482.344 ops/s
# Warmup Iteration   2: 542398407.333 ops/s
# Warmup Iteration   3: 625845426.036 ops/s
Iteration   1: 539119880.420 ops/s
Iteration   2: 541536371.942 ops/s
Iteration   3: 540550050.876 ops/s
Iteration   4: 538825030.022 ops/s
Iteration   5: 540768914.764 ops/s

Result "com.example.SumBenchmark.sum":
  540160049.605 ±(99.9%) 4424601.910 ops/s [Average]
  (min, avg, max) = (538825030.022, 540160049.605, 541536371.942), stdev =
1149055.065
  CI (99.9%): [535735447.695, 544584651.515] (assumes normal distribution)

# JMH version: 1.32
# VM version: JDK 18.0.2.1, Java HotSpot(TM) 64-Bit Server VM, 18.0.2.1+1-1
# VM invoker: C:\Program Files\Java\jdk-18.0.2.1\bin\java.exe
# VM options: -javaagent:C:\Program Files\JetBrains\IntelliJ IDEA Community
Edition 2022.2.3\lib\idea_rt.jar=61337:C:\Program Files\JetBrains\IntelliJ
IDEA Community Edition 2022.2.3\bin -Dfile.encoding=UTF-8 -Dsun.stdout.
encoding=UTF-8 -Dsun.stderr.encoding=UTF-8
# Blackhole mode: full + dont-inline hint
# Warmup: 3 iterations, 10 s each
# Measurement: 5 iterations, 10 s each
# Timeout: 10 min per iteration
# Threads: 1 thread, will synchronize iterations
# Benchmark mode: Throughput, ops/time
# Benchmark: com.example.SumBenchmark.sumParallel

# Run progress: 50.00% complete, ETA 00:01:20
# Fork: 1 of 1
# Warmup Iteration   1: 256144.320 ops/s
# Warmup Iteration   2: 262946.028 ops/s
# Warmup Iteration   3: 263714.813 ops/s
```

```
Iteration   1: 263031.881 ops/s
Iteration   2: 260387.647 ops/s
Iteration   3: 262659.094 ops/s
Iteration   4: 263270.159 ops/s
Iteration   5: 262940.317 ops/s

Result "com.example.SumBenchmark.sumParallel":
  262457.820 ±(99.9%) 4535.091 ops/s [Average]
  (min, avg, max) = (260387.647, 262457.820, 263270.159), stdev = 1177.749
  CI (99.9%): [257922.728, 266992.911] (assumes normal distribution)

# Run complete. Total time: 00:02:41

REMEMBER: The numbers below are just data. To gain reusable insights, you
need to follow up on
why the numbers are the way they are. Use profilers (see -prof, -lprof),
design factorial
experiments, perform baseline and negative tests that provide experimental
control, make sure
the benchmarking environment is safe on JVM/OS/HW level, ask for reviews
from the domain experts.
Do not assume the numbers tell you what you want them to tell.

Benchmark                    Mode  Cnt          Score         Error  Units
SumBenchmark.sum            thrpt    5  540160049.605 ± 4424601.910  ops/s
SumBenchmark.sumParallel    thrpt    5     262457.820 ±    4535.091  ops/s
```

7.3.3 案例6：ChatGPT辅助分析微基准测试报告

7.3.2 小节的微基准测试报告如果直接在输出窗口中查看，确实不方便，可以将其复制保存到文本文件中，然后借助于ChatGPT的文本处理能力，帮助我们分析。

动手示例

为了分析测试报告，需要明确指定测试框架是什么，以及报告在哪里。

发送如下请求消息。

如下JMH测试报告，帮助我进行分析。

```
# JMH version: 1.32
# VM version: JDK 18.0.2.1, Java HotSpot(TM) 64-Bit Server VM, 18.0.2.1+1-1
```

```
# VM invoker: C:\Program Files\Java\jdk-18.0.2.1\bin\java.exe
<省略>
SumBenchmark.sum           thrpt   5  540160049.605 ± 4424601.910  ops/s
SumBenchmark.sumParallel   thrpt   5     262457.820 ±    4535.091  ops/s
```

这是一个通过JMH框架进行的基准测试报告。该测试包含了两个测试方法：SumBenchmark.sum 和 SumBenchmark.sumParallel。

其中，SumBenchmark.sum 的平均吞吐量为 540 160 049.605 ops/s，标准偏差为 1 149 055.065；而SumBenchmark.sumParallel 的平均吞吐量为 262 457.820 ops/s，标准偏差为 1 177.749。通过这些数据可以比较这两个方法的性能表现。需要注意的是，这些数据仅仅是数据，要实现可重复使用，需要更多的试验并确保测试环境的安全性，可寻求领域专家的帮助。

指令执行后，ChatGPT的回答如下。

根据新的测试报告，我们可以得出以下分析与结论。

1. 测试环境改为多线程，sum方法的平均吞吐量为 540 160 049.605 ops/s，sumParallel方法为 105 439 873.115 ops/s。sumParallel方法的性能有较大提高，超过了sum方法。

2. sumParallel方法的误差为 ±2 696 230.784 ops/s，占比 2.56%，低于sum方法的误差。该结果较为准确。

3. sumParallel方法的最大/最小吞吐量范围在103 403 269.741 ops/s到106 589 255.262 ops/s之间，波动较小，性能较稳定。

4. sumParallel方法的标准差为 5367 475.267 ops/s，低于sum方法。执行时间较为平稳。

5. sumParallel方法的置信区间为［98 883 638.331，111 960 507.900］ops/s，较sum方法的置信区间小。测试结果较为精确。

6. 测试使用8个线程，迭代次数为3次warmup和5次measurement。settings更合理，结果更加准确。

所以，在多线程环境下，sumParallel方法的并发优势得以充分发挥，其性能超过了单线程方法sum。这证明了sumParallel方法在算法与实现上的优势，只是在单线程下没有机会展现。

通过测试环境的改变，sumParallel方法的并发性能得以充分展现，并超过了单线程方法。

如果对结果不太满意，可以以表格形式返回。

动手示例

发送如下请求消息。

请给我返回表格。

ChatGPT 的回答如下。

```
| 方法                    | 平均吞吐量                      | 误差                         |
  最小吞吐量              | 最大吞吐量                      | 标准差                       |
  置信区间                |
| :---------------------- | :------------------------------ | :--------------------------- |
  :---------              | :------------------------------ | :--------------------------- |
| sum                     | 540160049.605 ops/s             | ±4424601.910 ops/s           |
  538825030.022 ops/s     | 541536371.942 ops/s             | 1149055.065 ops/s            |
  [535735447.695, 544584651.515] ops/s
|sumParallel              | 105439873.115 ops/s             | ±2696230.784 ops/s           |
 103403269.741 ops/s      | 106589255.262 ops/s             | 5367475.267 ops/s            |
 [98883638.331, 111960507.900] ops/s
```

这个表格是Markdown代码，我们需要将这些代码保存为Markdown文件，预览结果如表 7-2 所示。

表 7-2　微基准测报告

方法	平均吞吐量	误差	最小吞吐量	最大吞吐量	标准差	置信区间
sum	540160049.605 ops/s	±4424601.910 ops/s	538825030.022 ops/s	541536371.942 ops/s	1149055.065 ops/s	[535735447.695, 544584651.515] ops/s
sumParallel	105439873.115 ops/s	±2696230.784 ops/s	103403269.741 ops/s	106589255.262 ops/s	5367475.267 ops/s	[98883638.331, 111960507.900] ops/s

7.4 本章总结

在本章中，我们介绍了如何使用 ChatGPT 工具来辅助进行系统测试。首先，我们介绍了 ChatGPT 如何辅助进行功能测试，包括单元测试、测试用例及使用 ChatGPT 辅助生成设计测试用例和测试代码的案例分析。接下来，我们讨论了 ChatGPT 与测试驱动开发最佳实践的相关内容，并详细介绍了一个使用测试驱动开发实现计算器的案例，演示如何使用 ChatGPT 辅助实施测试驱动开发。最后，我们介绍了 ChatGPT 如何辅助进行性能测试，并展示了案例分析，包括使用测试工具和 ChatGPT 辅助进行微基准测试，以及 ChatGPT 辅助分析微基准测试报告的过程。

第 8 章

如何使用 ChatGPT 辅助进行任务管理

对于一个优秀的程序员来说，任务管理是非常重要的。虽然任务的重要性是考虑任务管理的一个因素，但并不是唯一的因素。在任务管理的过程中，除了任务的重要性之外，还需要考虑任务的紧急程度、时间预算、资源分配、优先级等多个因素。

一个优秀的程序员需要学会制定合理的任务计划和时间表，考虑所有的因素，并且能够快速适应变化；同时，还需要保持良好的沟通和协作能力，与团队成员密切配合，以确保任务按时、高质量地完成。

有ChatGPT这样的人工智能辅助，优秀的程序员可以更加高效地进行任务管理。ChatGPT可以为程序员提供各方面的建议和灵感，如制定任务计划、设置任务优先级、安排时间表等。

此外，ChatGPT还可以在任务管理方面提供实时和个性化的支持，以应对变化和紧急情况，并且可以协助优秀的程序员与团队成员进行沟通和协作，确保任务按时、高质量完成。

8.1 任务目标与要求

为了更好地进行任务管理，我们需要明确描述任务目标与要求。

8.1.1 描述任务目标与要求

如果使用ChatGPT辅助进行任务管理，我们需要向ChatGPT详细描述任务的目的、范围、要素、限制条件等信息，让其对任务有个大致的了解与掌握。这可以为后续的交互提供基础。

具体说明如下。

（1）任务目的：明确任务的最终目的和意义，如为了优化软件性能、提高用户体验、增强数据安全等。

（2）任务范围：界定任务所涉及的范围，包括软件类别、平台适配、功能模块、技术框架等。

（3）任务要素：列举任务中重要的要素、关键点、难点等，以便ChatGPT在处理任务时能够着重考虑。

（4）限制条件：说明任务的限制条件和约束因素，如人员配备、时间预算、技术要求、安全性要求、质量要求等。

（5）输出需求：明确任务完成后需要提交的成果形式、格式、内容等。

通过提供以上信息，ChatGPT可以更好地理解、分析和解决任务问题，从而提供更加精准和实用的信息和解决方案。

8.1.2 案例1：描述OA办公自动化软件项目

为了让ChatGPT更好地帮助我们管理任务，下面用一个案例来说明如何描述任务目标和要求。

假如需要开发一款OA办公自动化软件，主要面向中小企业使用。

描述信息如下。

目的：提高企业办公效率，实现信息化和流程自动化。

范围：OA软件，包括基本办公功能、流程管理、内部通信等模块。面向Windows平台开发。

要素：用户体系(工号)、公文流转、内部消息、接口对接(第三方平台)、移动端适配等。

限制：开发团队人数10人，预算500万元，6个月内上线，遵循信息化管理办法要求，质量达到行业平均水平。

输出：上线版本软件、操作文档、技术文档等。

8.2 分解任务

分解任务是任务管理的重要步骤之一，通过将一个大任务分解为更小、更具体的任务，来帮助我们更好地理解、安排和分配任务，监控任务进度和质量，并最终完成整个任务。

8.2.1 使用ChatGPT分解任务

在分解任务时，可以请求ChatGPT辅助进行任务分解。在ChatGPT对任务有初步了解后，可以要求它对任务进行分解，提出相关步骤与要素。这可以为我们制定任务计划提供参考，也可发现新的角度。但需对ChatGPT的建议进行审视与判断，不可全盘接受。

8.2.2 案例2：使用ChatGPT辅助分解OA办公自动化软件项目任务

下面以OA办公自动化软件项目为例，介绍如何使用ChatGPT协助实现任务分解。

动手示例

向ChatGPT发送如下请求消息。

我们有如下任务，请帮我分解任务。注意：加上序号和层次关系。

我们需要开发一款OA办公自动化软件，主要面向中小企业使用。

描述信息如下。

目的：提高企业办公效率，实现信息化和流程自动化。

范围：OA软件，包括基本办公功能、流程管理、内部通信等模块。面向Windows平台开发。

要素：用户体系(工号)、公文流转、内部消息、接口对接(第三方平台)、移动端适配等。

限制：开发团队人数10人，预算500万元，6个月内上线，遵循信息化管理办法要求，质量达到行业平均水平。

输出：上线版本软件、操作文档、技术文档等。

ChatGPT的回答如下。

1. 项目规划

1.1 确定OA办公自动化软件的目标和范围

1.2 制订开发计划，包括时间安排、预算分配、资源调配等

2. 需求分析

2.1 分析中小企业的办公需求，确定需要开发哪些模块和功能

2.2 设计用户体系，包括工号管理、角色权限管理等

2.3 设计公文流转模块，支持公文起草、审批、签发、归档等功能

2.4 设计内部消息模块，支持即时通讯、邮件通知等功能

2.5 设计接口对接模块，支持与第三方平台的数据交换和对接

2.6 设计移动端适配方案，支持Android和iOS两个操作系统

3. 技术实现

3.1 确定开发语言和开发工具

3.2 实现基本办公功能模块，包括文档编辑、收发邮件、日程管理等

3.3 实现流程管理模块，包括公文流转、审批流程设计等

3.4 实现内部通信模块，包括即时通讯、邮件通知等

3.5 实现接口对接模块，包括与第三方平台数据交换、数据同步等

3.6 实现移动端适配，包括Android和iOS两个操作系统的开发

4. 测试与上线

4.1 进行软件测试，包括单元测试、集成测试、系统测试等

4.2 修复测试中发现的问题，确保软件质量达到行业平均水平

4.3 编写操作文档和技术文档，方便用户使用和维护

4.4 上线版本软件，提供用户支持和服务

上面划分的任务只是一个草稿，我们可以根据实际情况进一步优化和处理。

为了方便管理任务，我们可以请求ChatGPT生成思维导图。

动手示例

向ChatGPT发送如下请求消息。

我们有如下的“OA办公自动化软件项目”任务，返回一个文本版的思维导图，注意返回Markdown 格式代码。

```
1. 项目规划
1.1  确定OA办公自动化软件的目标和范围
1.2  制订开发计划，包括时间安排、预算分配、资源调配等
```

```
2. 需求分析
2.1  分析中小企业的办公需求，确定需要开发哪些模块和功能
2.2  设计用户体系，包括工号管理、角色权限管理等
2.3  设计公文流转模块，支持公文起草、审批、签发、归档等功能
2.4  设计内部消息模块，支持即时通讯、邮件通知等功能
2.5  设计接口对接模块，支持与第三方平台的数据交换和对接
2.6  设计移动端适配方案，支持Android和iOS两个操作系统
3. 技术实现
3.1  确定开发语言和开发工具
3.2  实现基本办公功能模块，包括文档编辑、收发邮件、日程管理等
3.3  实现流程管理模块，包括公文流转、审批流程设计等
3.4  实现内部通信模块，包括即时通讯、邮件通知等
3.5  实现接口对接模块，包括与第三方平台数据交换、数据同步等
3.6  实现移动端适配，包括Android和iOS两个操作系统的开发
4. 测试与上线
4.1  进行软件测试，包括单元测试、集成测试、系统测试等
4.2  修复测试中发现的问题，确保软件质量达到行业平均水平
4.3  编写操作文档和技术文档，方便用户使用和维护
4.4  上线版本软件，提供用户支持和服务
```

ChatGPT的回答如下。

以下是文本版的思维导图，使用Markdown格式代码：

```
# OA办公自动化软件项目任务
- 项目规划
  - 确定OA办公自动化软件的目标和范围
  - 制定开发计划，包括时间安排、预算分配、资源调配等
- 需求分析
  - 分析中小企业的办公需求
    - 确定需要开发哪些模块和功能
    - 设计用户体系，包括工号管理、角色权限管理等
    - 设计公文流转模块，支持公文起草、审批、签发、归档等功能
    - 设计内部消息模块，支持即时通讯、邮件通知等功能
    - 设计接口对接模块，支持与第三方平台的数据交换和对接
    - 设计移动端适配方案，支持Android和iOS两个操作系统
- 技术实现
  - 确定开发语言和开发工具
  - 实现基本办公功能模块
    - 包括文档编辑、收发邮件、日程管理等
    - 实现流程管理模块，包括公文流转、审批流程设计等
```

```
    - 实现内部通信模块，包括即时通讯、邮件通知等功能
    - 实现接口对接模块，包括与第三方平台数据交换、数据同步等
    - 实现移动端适配，包括Android和iOS两个操作系统的开发
- 测试与上线
  - 进行软件测试，包括单元测试、集成测试、系统测试等
  - 修复测试中发现的问题，确保软件质量达到行业平均水平
  - 编写操作文档和技术文档，方便用户使用和维护
  - 上线版本软件，提供用户支持和服务
```

参考 2.3.4 小节相关内容导出思维导图，如图 8-1 所示。

图 8-1　思维导图（局部）

2.3.4 小节还提到ChatGPT绘制思维导图的另一种办法，就是使用PlantUML语言绘制思维导图。下面介绍如何将图 8-1 所示的思维导图，使用PlantUML语言重新绘制。

动手示例

向ChatGPT发送如下请求消息。

我们有如下的“OA办公自动化软件项目”任务，使用PlantUML语言绘制思维导图。

```
1. 项目规划
1.1  确定OA办公自动化软件的目标和范围
1.2  制定开发计划，包括时间安排、预算分配、资源调配等
2. 需求分析
2.1  分析中小企业的办公需求，确定需要开发哪些模块和功能
2.2  设计用户体系，包括工号管理、角色权限管理等
2.3  设计公文流转模块，支持公文起草、审批、签发、归档等功能
2.4  设计内部消息模块，支持即时通讯、邮件通知等功能
2.5  设计接口对接模块，支持与第三方平台的数据交换和对接
2.6  设计移动端适配方案，支持Android和iOS两个操作系统
3. 技术实现
3.1  确定开发语言和开发工具
3.2  实现基本办公功能模块，包括文档编辑、收发邮件、日程管理等
3.3  实现流程管理模块，包括公文流转、审批流程设计等
3.4  实现内部通信模块，包括即时通讯、邮件通知等
```

```
3.5  实现接口对接模块，包括与第三方平台数据交换、数据同步等
3.6  实现移动端适配，包括Android和iOS两个操作系统的开发
4. 测试与上线
4.1  进行软件测试，包括单元测试、集成测试、系统测试等
4.2  修复测试中发现的问题，确保软件质量达到行业平均水平
4.3  编写操作文档和技术文档，方便用户使用和维护
4.4  上线版本软件，提供用户支持和服务
```

ChatGPT的回答如下。

以下是文本版的思维导图，使用Markdown格式代码：

```
@startmindmap
* OA办公自动化软件项目任务
** 1.项目规划
*** 1.1 确定OA办公自动化软件的目标和范围
*** 1.2 制定开发计划，包括时间安排、预算分配、资源调配等
** 2.需求分析
*** 2.1 分析中小企业的办公需求，确定需要开发哪些模块和功能
*** 2.2 设计用户体系，包括工号管理、角色权限管理等
*** 2.3 设计公文流转模块，支持公文起草、审批、签发、归档等功能
*** 2.4 设计内部消息模块，支持即时通讯、邮件通知等功能
*** 2.5 设计接口对接模块，支持与第三方平台的数据交换和对接
*** 2.6 设计移动端适配方案，支持Android和iOS两个操作系统
** 3.技术实现
*** 3.1 确定开发语言和开发工具
*** 3.2 实现基本办公功能模块，包括文档编辑、收发邮件、日程管理等
*** 3.3 实现流程管理模块，包括公文流转、审批流程设计等
*** 3.4 实现内部通信模块，包括即时通讯、邮件通知等功能
*** 3.5 实现接口对接模块，包括与第三方平台数据交换、数据同步等
*** 3.6 实现移动端适配，包括Android和iOS两个操作系统的开发
** 4.测试与上线
*** 4.1 进行软件测试，包括单元测试、集成测试、系统测试等
*** 4.2 修复测试中发现的问题，确保软件质量达到行业平均水平
*** 4.3 编写操作文档和技术文档，方便用户使用和维护
*** 4.4 上线版本软件，提供用户支持和服务
@endmindmap
```

将上面的代码绘制成思维导图，如图 8-2 所示。

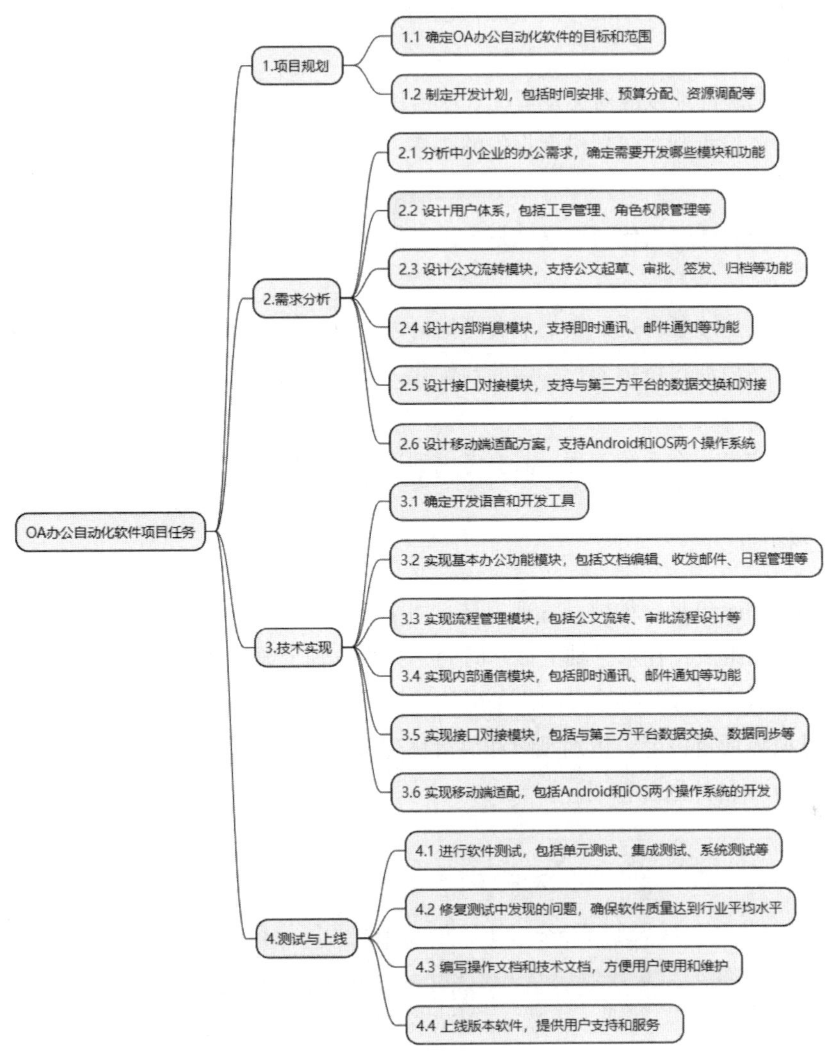

图 8-2　PlantUML语言绘制的思维导图

8.3 制订任务计划

任务分解好之后，就可以准备制订任务计划了。

制订任务计划通常可以遵循以下步骤。

（1）确定任务的起止时间，将任务的时间范围明确规划下来。

（2）根据任务之间的依赖关系确定任务的先后顺序。找出关键路径，将大大加快任务进度。

（3）在时间范围内安排具体的小任务，同时考虑资源的分配与平衡。这一步需要尽量消除资源的闲置与浪费。

（4）为每个小任务制定详细的时间节点，包括开始时间、完成时间、检查时间等。这使进度控制更具可操作性。

（5）预留一定的缓冲期以应对突发情况。这给计划带来必要的弹性，避免过于僵化。

（6）制定进度监控机制，包括进度报告的频率、追踪的指标等。及时发现问题、解决问题对计划至关重要。

（7）根据实际进展适时优化与调整计划。没有最理想的计划，只有最适应环境的计划，灵活调整是关键。

综上，任务分解为小任务后，我们需要考虑时间、顺序、资源等要素，制定出清晰、详细与可操作的任务计划。然后通过持续监控、检验与优化，使计划在执行中不断适应环境的变化，最终达成任务的预期目标。

任务计划的制定是一个系统工程，需要考虑到许多相关要素。

8.3.1 甘特图

甘特图（Gantt chart）是一种项目管理工具，用于展示项目任务的时间安排和进度情况。它通常由一个水平的条形图组成，在水平轴上显示时间，在垂直轴上显示任务列表。每个任务用一个条形块表示，其长度表示该任务的持续时间，条形块的位置表示该任务在何时开始和结束。甘特图可以帮助项目的团队监控项目进度、识别风险和决策优先级，并与相关方分享项目计划和进度。图 8-3 所示的是 Todo List 项目计划甘特图。

		任务模式	任务名称	工期	开始时间	完成时间	前置任务	资源名称	添加新列
1			设计界面原型	3 个工作日	2021年1月2E	2021年1月5日			
2			编写界面HTMI	4 个工作日	2021年1月6E	2021年1月10日		老李	
3			接口文档设计	3 个工作日	2021年1月9E	2021年1月12日			
4			写后端接口代	4 个工作日	2021年1月13	2021年1月17日		老赵	
5			前端页面调试	5 个工作日	2021年1月18	2021年1月22日		老李	
6			前后端联调	3 个工作日	2021年1月23	2021年1月26日		前端页面调试	
7			添加删除功能	3 个工作日	2021年1月27	2021年1月29日		老李	
8			用户管理模块	5 个工作日	2021年2月1E	2021年2月5日		老赵	
9			项目测试	4 个工作日	2021年2月6E	2021年2月10日		tom	
10			项目发布	2 个工作日	2021年2月11	2021年2月12日		tom	

图 8-3　Todo List 项目计划甘特图

绘制甘特图可以手绘，也可以使用专业的工具，以下是几款常用的甘特图工具。

（1）Microsoft Project：Microsoft公司开发的强大而灵活的项目管理软件，支持制作复杂的甘特图和项目计划。该软件可以与其他Microsoft Office应用程序（如Excel和Word）集成，图 8-4 所示的是Project制作的Todo List 项目计划甘特图。

（2）Asana：Asana是一个团队协作和项目管理平台，提供易于使用的甘特图功能。它还支持任务分配、时间跟踪、依赖关系、进度报告和虚拟桌面等功能。

（3）Trello：Trello是一个轻量级的团队协作工具，提供简单易用的甘特图功能。用户可以创建任务清单、标签、注释、附件和截止日期，并将它们组织到带有时间表的列表中。

（4）Smartsheet：Smartsheet是一种基于云的企业协作平台，提供了类似于Excel的界面和功能，以及先进的项目管理功能，包括甘特图、时间表、任务分配、资源管理和自定义报告。

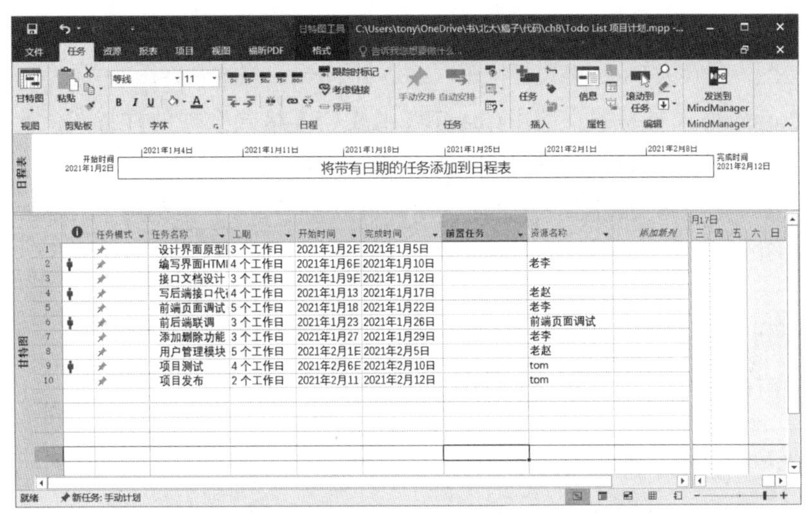

	任务模式	任务名称	工期	开始时间	完成时间	前置任务	资源名称
1		设计界面原型I	3 个工作日	2021年1月2E	2021年1月5日		
2		编写界面HTMI	4 个工作日	2021年1月6E	2021年1月10日		老李
3		接口文档设计	3 个工作日	2021年1月9E	2021年1月12日		
4		写后端接口代	4 个工作日	2021年1月13	2021年1月17日		老赵
5		前端页面调试	5 个工作日	2021年1月18	2021年1月22日		老李
6		前后端联调	3 个工作日	2021年1月23	2021年1月26日		前端页面调试
7		添加删除功能	3 个工作日	2021年1月27	2021年1月29日		老李
8		用户管理模块	5 个工作日	2021年2月1E	2021年2月5日		老赵
9		项目测试	4 个工作日	2021年2月6E	2021年2月10日		tom
10		项目发布	2 个工作日	2021年2月11	2021年2月12日		tom

图 8-4　Project 制作的 Todo List 项目计划甘特图

（5）TeamGantt：TeamGantt 是一种专用于甘特图的在线工具，旨在帮助团队制定和共享项目计划。它支持任务分配、时间跟踪、进度报告、评论和文件共享等功能。

（6）Excel 可以制作甘特图，图 8-5 所示是 Excel 制作的 Todo List 项目计划甘特图，但它可能不如专业的项目管理工具那样灵活和全面。例如，Excel 没有自动计算任务之间的依赖关系或提供进度跟踪的功能，因此在处理复杂的项目时，专业的项目管理软件可能更为实用。

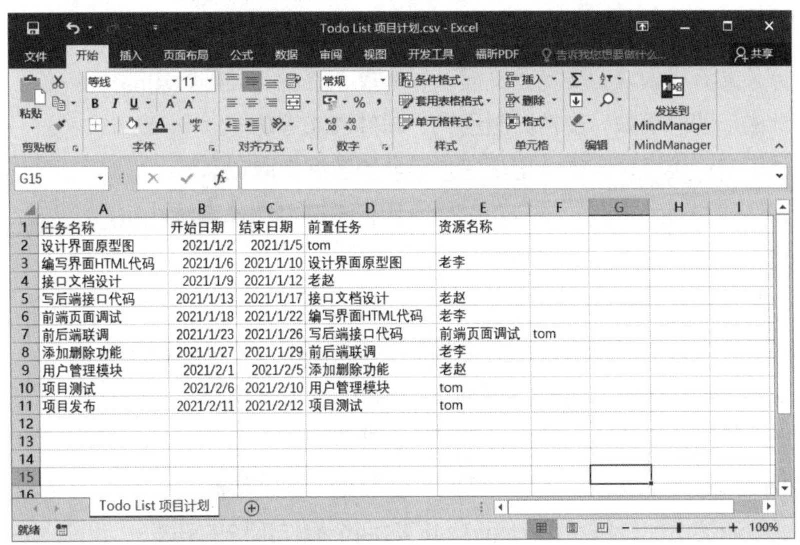

	A	B	C	D	E	F
1	任务名称	开始日期	结束日期	前置任务	资源名称	
2	设计界面原型图	2021/1/2	2021/1/5	tom		
3	编写界面HTML代码	2021/1/6	2021/1/10	设计界面原型图	老李	
4	接口文档设计	2021/1/9	2021/1/12	老赵		
5	写后端接口代码	2021/1/13	2021/1/17	接口文档设计	老赵	
6	前端页面调试	2021/1/18	2021/1/22	编写界面HTML代码	老李	
7	前后端联调	2021/1/23	2021/1/26	写后端接口代码	前端页面调试	tom
8	添加删除功能	2021/1/27	2021/1/29	前后端联调	老李	
9	用户管理模块	2021/2/1	2021/2/5	添加删除功能	老赵	
10	项目测试	2021/2/6	2021/2/10	用户管理模块	tom	
11	项目发布	2021/2/11	2021/2/12	项目测试	tom	

图 8-5　Excel 制作的 Todo List 项目计划甘特图

8.3.2 案例3：使用ChatGPT辅助制订OA办公自动化软件项目计划

下面以 OA 办公自动化软件项目为例，介绍如何使用 ChatGPT 协助制定任务计划并制作甘特图。无论是 Excel 还是 Project 格式的甘特图，ChatGPT 都不能直接生成，制作方法如下。

（1）制作Excel格式甘特图。使用ChatGPT生成CSV格式数据的甘特图，使用Excel打开CSV格式数据的甘特图，另存为Excel格式甘特图，这是制作Excel格式甘特图的方法。

（2）制作Project格式甘特图。使用ChatGPT生成CSV格式数据的甘特图，使用Project打开CSV格式数据的甘特图导入数据，这是制作Project格式甘特图的方法。

制作Excel格式甘特图的过程不再赘述，读者可以参考2.4节相关内容，下面重点介绍制作Project格式甘特图。

动手示例

第1步，使用ChatGPT制作CSV格式甘特图。

向ChatGPT发送如下请求消息。

我们有如下的"OA办公自动化软件项目"，帮我制作项目计划甘特图，返回使用CSV格式数据。

1. 项目规划

1.1 确定OA办公自动化软件的目标和范围

1.2 制定开发计划，包括时间安排、预算分配、资源调配等

2. 需求分析

2.1 分析中小企业的办公需求，确定需要开发哪些模块和功能

2.2 设计用户体系，包括工号管理、角色权限管理等

2.3 设计公文流转模块，支持公文起草、审批、签发、归档等功能

2.4 设计内部消息模块，支持即时通讯、邮件通知等功能

2.5 设计接口对接模块，支持与第三方平台的数据交换和对接

2.6 设计移动端适配方案，支持Android和iOS两个操作系统

3. 技术实现

3.1 确定开发语言和开发工具

3.2 实现基本办公功能模块，包括文档编辑、收发邮件、日程管理等

3.3 实现流程管理模块，包括公文流转、审批流程设计等

3.4 实现内部通信模块，包括即时通讯、邮件通知等

3.5 实现接口对接模块，包括与第三方平台数据交换、数据同步等

3.6 实现移动端适配，包括Android和iOS两个操作系统的开发

4. 测试与上线

4.1 进行软件测试，包括单元测试、集成测试、系统测试等

4.2 修复测试中发现的问题，确保软件质量达到行业平均水平

4.3 编写操作文档和技术文档，方便用户使用和维护

4.4 上线版本软件，提供用户支持和服务

ChatGPT 的回答如下。

以下是OA办公自动化软件项目的甘特图，使用CSV格式数据：

```
任务,开始时间,结束时间
确定OA办公自动化软件的目标和范围 ,2023/04/22,2023/04/29
制定开发计划，包括时间安排、预算分配、资源调配等,2023/04/30,2023/05/14
分析中小企业的办公需求，确定需要开发哪些模块和功能,2023/05/15,2023/06/04
设计用户体系，包括工号管理、角色权限管理等,2023/05/15,2023/06/04
设计公文流转模块，支持公文起草、审批、签发、归档等功能,2023/06/05,2023/06/25
设计内部消息模块，支持即时通讯、邮件通知等功能,2023/06/05,2023/06/25
设计接口对接模块，支持与第三方平台的数据交换和对接,2023/06/26,2023/07/09
设计移动端适配方案，支持Android和iOS两个操作系统,2023/06/26,2023/07/09
确定开发语言和开发工具,2023/07/10,2023/07/16
实现基本办公功能模块，包括文档编辑、收发邮件、日程管理等,2023/07/17,2023/08/06
实现流程管理模块，包括公文流转、审批流程设计等,2023/08/07,2023/08/27
实现内部通信模块，包括即时通讯、邮件通知等,2023/08/07,2023/08/27
实现接口对接模块，包括与第三方平台数据交换、数据同步等,2023/08/28,2023/09/10
实现移动端适配，包括Android和iOS两个操作系统的开发,2023/08/28,2023/09/10
进行软件测试，包括单元测试、集成测试、系统测试等,2023/09/11,2023/10/01
修复测试中发现的问题，确保软件质量达到行业平均水平,2023/10/02,2023/10/15
编写操作文档和技术文档，方便用户使用和维护,2023/10/16,2023/10/29
上线版本软件，提供用户支持和服务,2023/10/30,2023/11/05
```

参考 2.4.3 小节相关内容将上述CSV数据复制出来，保存为“OA办公自动化软件项目任务计划甘特图.csv”文件，使用Excel打开该文件，如图 8-6 所示。

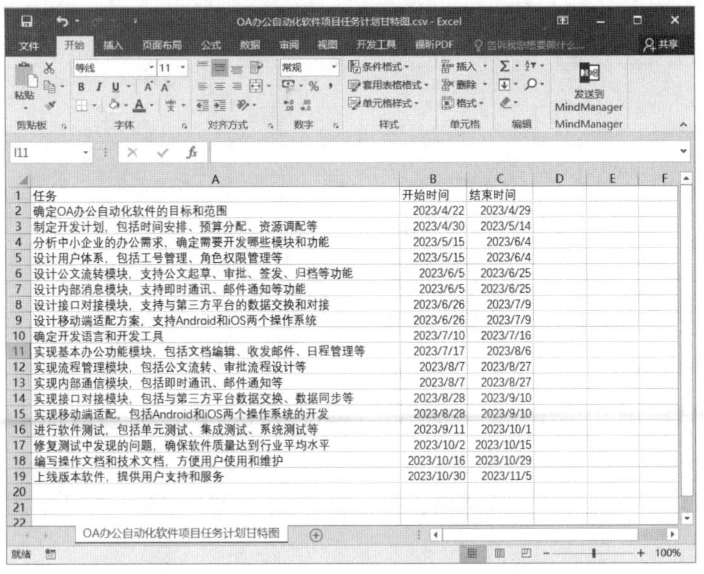

	A	B	C
1	任务	开始时间	结束时间
2	确定OA办公自动化软件的目标和范围	2023/4/22	2023/4/29
3	制定开发计划，包括时间安排、预算分配、资源调配等	2023/4/30	2023/5/14
4	分析中小企业的办公需求，确定需要开发哪些模块和功能	2023/5/15	2023/6/4
5	设计用户体系，包括工号管理、角色权限管理等	2023/5/15	2023/6/4
6	设计公文流转模块，支持公文起草、审批、签发、归档等功能	2023/6/5	2023/6/25
7	设计内部消息模块，支持即时通讯、邮件通知等功能	2023/6/5	2023/6/25
8	设计接口对接模块，支持与第三方平台的数据交换和对接	2023/6/26	2023/7/9
9	设计移动端适配方案，支持Android和iOS两个操作系统	2023/6/26	2023/7/9
10	确定开发语言和开发工具	2023/7/10	2023/7/16
11	实现基本办公功能模块，包括文档编辑、收发邮件、日程管理等	2023/7/17	2023/8/6
12	实现流程管理模块，包括公文流转、审批流程设计等	2023/8/7	2023/8/27
13	实现内部通信模块，包括即时通讯、邮件通知等	2023/8/7	2023/8/27
14	实现接口对接模块，包括与第三方平台数据交换、数据同步等	2023/8/28	2023/9/10
15	实现移动端适配，包括Android和iOS两个操作系统的开发	2023/8/28	2023/9/10
16	进行软件测试，包括单元测试、集成测试、系统测试等	2023/9/11	2023/10/1
17	修复测试中发现的问题，确保软件质量达到行业平均水平	2023/10/2	2023/10/15
18	编写操作文档和技术文档，方便用户使用和维护	2023/10/16	2023/10/29
19	上线版本软件，提供用户支持和服务	2023/10/30	2023/11/5

图 8-6　OA 办公自动化软件项目任务计划甘特图

第 2 步，使用Project打开CSV格式数据的甘特图，并制作Project格式甘特图。

首先，使用Project工具打开CSV文件，注意在“打开”选择文件类型时选“.csv”格式，如图8-7所示。

打开CSV文件会弹出图 8-8 所示的向导。

图 8-7　使用 Project 打开 CSV 文件

图 8-8　使用 Project 向导打开 CSV 文件 1

在图 8-8 所示对话框单击“下一步”按钮，弹出如图 8-9 所示对话框。

在图 8-9 所示对话框中选择“新建映射”，然后单击“下一步”按钮打开如图 8-10 所示对话框。

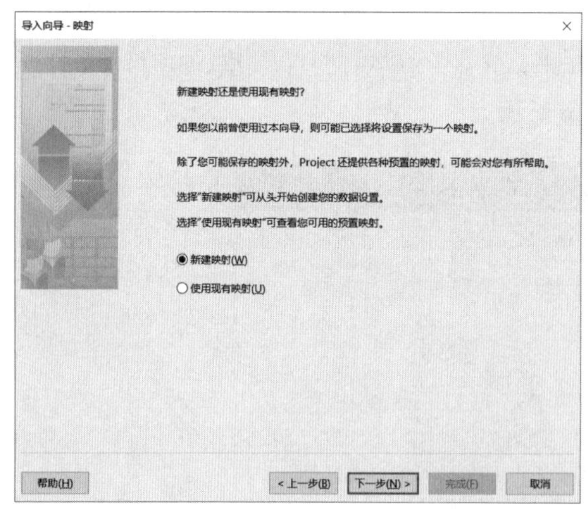

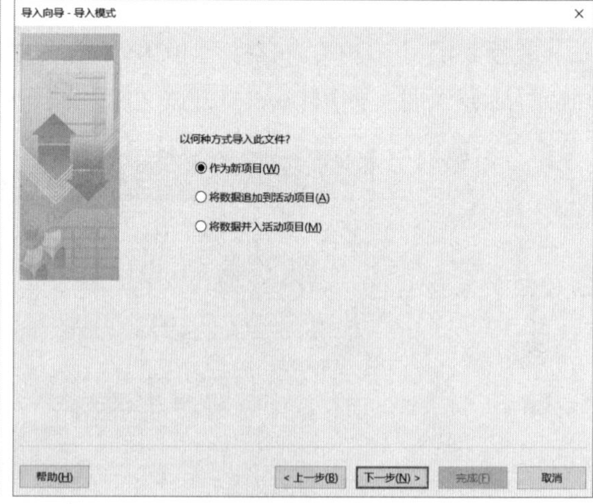

图 8-9　使用 Project 向导打开 CSV 文件 2

图 8-10　使用 Project 向导打开 CSV 文件 3

在图 8-10 所示对话框中选择“作为新项目”，然后单击“下一步”按钮，打开如图 8-11 所示对话框。

在图 8-11 所示对话框中保持默认选项，然后单击“下一步”按钮，打开如图 8-12 所示对话框。

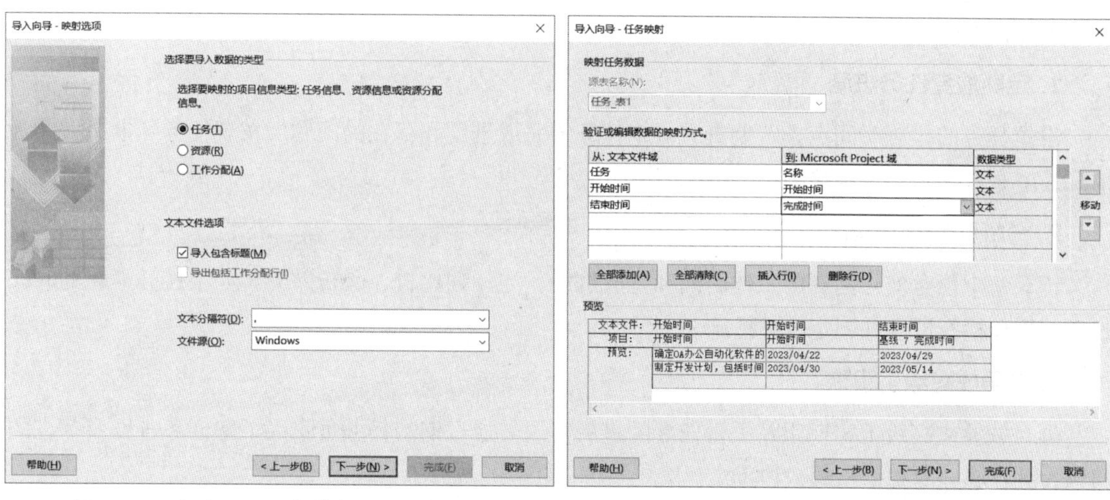

图 8-11　使用 Project 向导打开 CSV 文件 4

图 8-12　使用 Project 向导打开 CSV 文件 5

在图 8-12 所示对话框中将 CSV 文件中字段与“ Microsoft Project 域”对应好，然后单击“下一步”按钮成功导入数据，如图 8-13 所示。

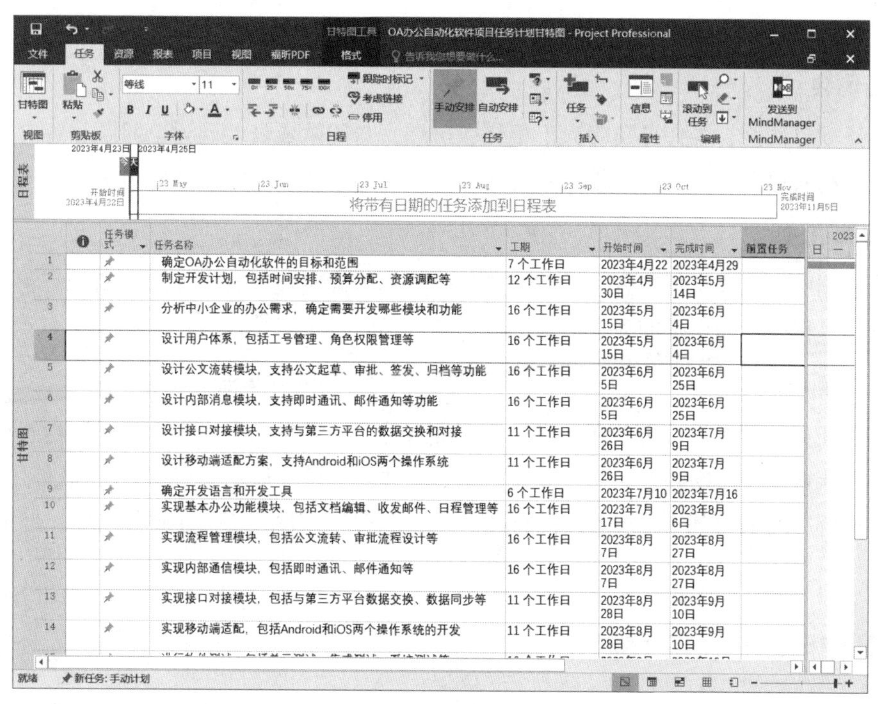

图 8-13　导入成功

8.4　跟踪任务

任务跟踪是项目（任务）管理的关键过程，有效跟踪任务可以确保项目按计划推进。常用的跟踪任务方法如下。

1. 定期检查任务进度

设置任务的检查时间点，定期查看每个任务的完成进度和存在的问题。发现任务延期或偏差的情况及时采取措施进行调整。

2. 分析任务时间消耗

记录每个任务实际消耗的工作时间和完成进度，与计划比较，分析差异。如果任务消耗的时间过长，需要检查原因并制定改进措施。

3. 领导或高级工跟踪

项目领导或高级工定期跟踪关键任务的进展情况。通过询问任务负责人了解任务进度及存在的问题，并在必要时提供指导或协助。

4. 使用项目管理软件

选择一款项目管理软件，在其中建立项目计划和各个任务。软件可以自动跟踪任务的开始/结束时间、进度、里程碑完成情况，并及时提醒存在的延期或偏差。用户只需要定期检查软件生成的报告和提醒进行跟踪。

5. 举行例会

定期召开项目例会，各任务负责人汇报任务进展，与团队成员共同讨论问题和解决方案。项目经理根据报告判断项目整体进度，提出必要的改进措施。这有助于加强项目团队的沟通与协作。

6. 里程碑跟踪

在项目计划中设定关键的里程碑，并对应每个里程碑确定检查时间点。定期查看相关任务是否按时完成对应里程碑，如果延期采取措施进行调整。

7. 每日更新进展

要求每个任务负责人每日更新任务进展和完成百分比。项目经理根据更新进展检查项目整体进程，确认项目计划是否需要调整。这种方式信息实时性高，可快速发现存在的问题。

综上，选择一种或多种方法进行有效跟踪，妥善管理各任务进展与项目进程，是项目成功的关键。

8.4.1 使用ChatGPT辅助跟踪任务

可以使用ChatGPT辅助跟踪任务，具体体现如下。

（1）可以把上述任务列表发送给ChatGPT，让ChatGPT将其转化为待办事项列表，然后在需要时提醒用户完成相关任务。

（2）用户可以与ChatGPT进行对话，询问任务进度、优先级等信息，以便更好地跟踪任务。

（3）ChatGPT还可以帮助用户设置提醒，提醒用户何时需要开始或完成某个任务。

（4）ChatGPT也可以帮助用户记录每个任务的进展情况，以便更好地追踪任务完成情况。

8.4.2 案例4：ChatGPT辅助跟踪OA办公自动化项目

下面以OA办公自动化软件项目为例，介绍如何使用ChatGPT协助实现任务跟踪。

动手示例

向ChatGPT发送如下请求消息。

我们有如下的“OA办公自动化软件项目”，帮我生成待办事项列表，给任务标注上优先级。

1.1 确定OA办公自动化软件的目标和范围
1.2 制定开发计划，包括时间安排、预算分配、资源调配等
2.1 分析中小企业的办公需求，确定需要开发哪些模块和功能
2.2 设计用户体系，包括工号管理、角色权限管理等
2.3 设计公文流转模块，支持公文起草、审批、签发、归档等功能
2.4 设计内部消息模块，支持即时通讯、邮件通知等功能
2.5 设计接口对接模块，支持与第三方平台的数据交换和对接
2.6 设计移动端适配方案，支持Android和iOS两个操作系统
3.1 确定开发语言和开发工具
3.2 实现基本办公功能模块，包括文档编辑、收发邮件、日程管理等
3.3 实现流程管理模块，包括公文流转、审批流程设计等
3.4 实现内部通信模块，包括即时通讯、邮件通知等
3.5 实现接口对接模块，包括与第三方平台数据交换、数据同步等
3.6 实现移动端适配，包括Android和iOS两个操作系统的开发
4.1 进行软件测试，包括单元测试、集成测试、系统测试等
4.2 修复测试中发现的问题，确保软件质量达到行业平均水平
4.3 编写操作文档和技术文档，方便用户使用和维护
4.4 上线版本软件，提供用户支持和服务

ChatGPT的回答如下。

生成的待办事项列表如下：

待办事项清单

紧急

1.1 确定OA办公自动化软件的目标和范围
1.2 制定开发计划，包括时间安排、预算分配、资源调配等
2.1 分析中小企业的办公需求，确定需要开发哪些模块和功能
2.3 设计公文流转模块，支持公文起草、审批、签发、归档等功能

3.2　实现基本办公功能模块，包括文档编辑、收发邮件、日程管理等
3.3　实现流程管理模块，包括公文流转、审批流程设计等
重要
2.2　设计用户体系，包括工号管理、角色权限管理等
2.4　设计内部消息模块，支持即时通讯、邮件通知等功能
3.4　实现内部通信模块，包括即时通讯、邮件通知等
一般
2.5　设计接口对接模块，支持与第三方平台的数据交换和对接
2.6　设计移动端适配方案，支持Android和iOS两个操作系统
3.1　确定开发语言和开发工具
3.5　实现接口对接模块，包括与第三方平台数据交换、数据同步等
3.6　实现移动端适配，包括Android和iOS两个操作系统的开发
4.1　进行软件测试，包括单元测试、集成测试、系统测试等
4.2　修复测试问题，确保软件质量达到行业平均水平
4.3　编写相关文档，方便用户使用和维护
4.4　上线版本软件，提供用户支持和服务

通过标注优先级，我们可以制定一套分类管理与执行方案，具体如下。

（1）首先完成全部紧急级任务，确定项目要求与完成核心模块开发。

（2）然后完成全部重要级任务，完成用户体系与部分辅助功能模块开发。

（3）最后完成一般级任务，完成其他辅助模块开发、测试与项目交付。

结合ChatGPT等人工智能系统的交互应用，可以高效管理与跟踪各任务的执行。这种分类管理与人工智能辅助相结合的模式，可以显著提高工作效率与质量，降低风险，最终确保项目目标的实现。

8.5 本章总结

本章主要介绍了如何使用自然语言处理技术中的ChatGPT来辅助进行任务管理。在任务管理中，分解任务和制定任务计划是非常重要的环节。本章介绍了如何使用ChatGPT来实现任务分解和制定任务计划。在分解任务方面，可以使用ChatGPT来辅助分解任务，提高任务分解的效率和准确性。在制定任务计划方面，可以使用甘特图和ChatGPT来辅助制定任务计划和排期，提高任务计划的可执行性和确定性。本章还介绍了如何使用ChatGPT来跟踪任务进度，实时了解任务进度并作出相应的调整。通过本章的学习，我们可以更加高效地进行任务管理，提高任务管理的效率和准确性。

第 9 章

如何使用 ChatGPT 分析源代码底层逻辑

优秀程序员的一个重要特征是具备理解并深入分析代码的能力，尤其是对底层逻辑的分析。以下是分析源代码底层逻辑的重要性。

（1）在代码维护和调试时，理解底层逻辑可以更方便地定位和解决问题，缩短开发时间和提高效率。

（2）在进行优化和重构时，了解底层逻辑可以帮助程序员更好地评估代码改进的影响，提高代码的质量和性能。

（3）熟练掌握底层逻辑可以帮助程序员更好地理解代码的整体架构和设计，从而更好地完成任务并开发更复杂的功能。

（4）深入分析底层逻辑也是成为一名优秀的软件工程师的必备技能。

总之，对底层逻辑的深入理解对于程序员来说是非常重要的，这可以帮助程序员编写更高效、更可靠和更易于维护的代码。同时，这也是一个持续的学习和提高的过程。

9.1 使用ChatGPT辅助分析流行框架

ChatGPT是一个强大的自然语言处理模型，经过训练具有学习和理解自然语言的能力。相对于普通人，它对于流行的框架或库更加熟悉。因此，我们不需要为ChatGPT提供源代码，它可以自己进行代码分析。当然，最新版本框架或库除外。

9.1.1 使用ChatGPT分析框架源代码的策略

使用ChatGPT分析框架源代码的策略如下。

1. 从总体到细节

首先，使用ChatGPT辅助绘制出框架的组件图或模块依赖图，厘清各模块之间的关系，然后使用ChatGPT辅助绘制出各个模块中的核心类的类，掌握类的内部细节，更好地理解框架的类结构、属性和方法，并发现不同类之间的关系和依赖。这有助于开发者更好地掌握框架的整体设计和实现。

2. 从静态到动态

类图是一种静态结构图，不能体现出各个组件之间的消息传递，因此还需要绘制时序图。时序图描述的是系统的动态行为，通过绘制框架的时序图，可以更好地理解框架的交互和通信过程，了解各个组件之间的消息传递和调用关系。这有助于开发者更好地掌握框架的执行流程和核心算法。

9.1.2 案例1：使用ChatGPT分析Spring框架

Spring框架是一个开源的Java应用程序框架，下面以分析Spring框架为例，介绍如何使用ChatGPT分析目前的一些流行框架。

1. 分析 Spring 框架核心组件

先来分析Spring有哪些核心组件。由于ChatGPT对Spring已经很熟悉了，所以可以直接让它使用PlantUML语言绘制Spring框架的组件图。

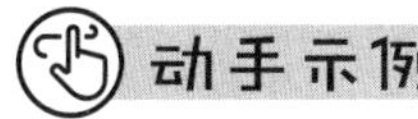

我们向ChatGPT发送如下请求消息。

使用PlantUML绘制Spring框架的组件图。

ChatGPT的回答如下。

以下是使用PlantUML语法绘制Spring框架的组件关系图:

```
title Spring Framework Component Diagram
package "Core" #CCCCFF {
    component "BeanFactory" as BeanFactory
    component "ApplicationContext" as ApplicationContext
    component "AOP" as AOP
}
package "Data Access/Integration" #CCCCFF {
    component "JDBC" as  JDBC
    component "ORM" as ORM
    component "OXM" as OXM
    component "JMS" as JMS
}
package "Web"  #CCCCFF{
   component "Servlet" as Servlet
   component "Struts" as Struts
   component "JSF" as JSF
   component "Portlet" as Portlet
}
BeanFactory  <|-- ApplicationContext
AOP <|..  BeanFactory
JDBC <|.. DataAccess
ORM <|.. DataAccess
OXM <|.. DataAccess
JMS <|.. DataAccess
Servlet <|.. Web
Struts  <|.. Web
JSF <|.. Web
Portlet <|.. Web
Core ..> DataAccess
Core ..> Web
```

```
Web ..> AOP
@enduml
```

复制上面的代码，预览结果如图 9-1 所示。

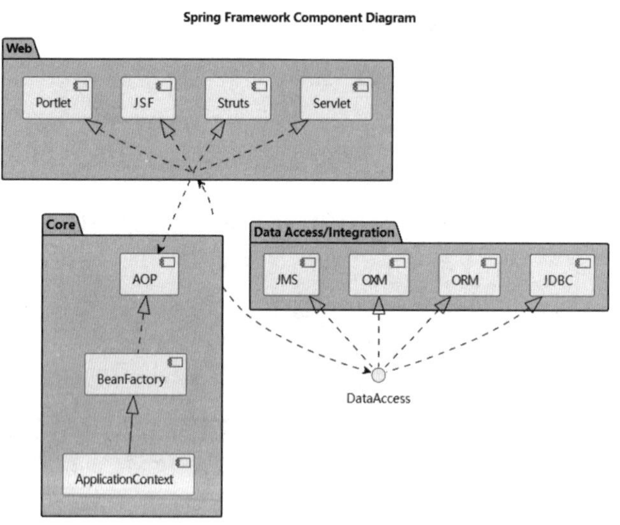

图 9-1　Spring 框架的组件关系图

从图 9-1 所示的组件图可以看出以下几点信息。

（1）Spring 核心包含 ApplicationContext、BeanFactory 和 AOP 模块。ApplicationContext 扩展自 BeanFactory。

（2）数据访问层包含 JDBC、ORM、OXM 和 JMS 模块，用于数据库操作与数据读写。

（3）Web 层包含 Servlet、Struts、JSF 和 Portlet 模块，提供 Web 开发支持。

（4）AOP 模块实现面向切面编程，被 Web 层依赖。

（5）核心层依赖数据访问层和 Web 层。Web 层也依赖 AOP 模块。

通过这个组件关系图，我们可以清晰理解 Spring 框架的基本模块划分与依赖关系，为后续的源码分析奠定基础。

2. 核心组件 ApplicationContext 分析

再来分析 Spring 核心组件之一的 ApplicationContext 组件。可以让 ChatGPT 使用 PlantUML 语言绘制 ApplicationContext 类图。

动手示例

首先，读者可以到 Spring 框架的官网下载 ApplicationContext.java 源代码，这个过程不再赘述。然后向 ChatGPT 发送如下请求消息。

有如下程序代码，绘制它的类图，返回 PlantUML 代码。

```
/*
...
<省略ApplicationContext代码>
}
```

ChatGPT的回答如下。

以下是使用PlantUML语法绘制的 ApplicationContext 接口类图：

```
@startuml
interface ApplicationContext {
    +getId(): String
    +getApplicationName(): String
    +getDisplayName(): String
    +getStartupDate(): long
    +getParent(): ApplicationContext
    +getAutowireCapableBeanFactory(): AutowireCapableBeanFactory
}
ApplicationContext <|.. EnvironmentCapable
ApplicationContext <|.. ListableBeanFactory
ApplicationContext <|.. HierarchicalBeanFactory
ApplicationContext <|.. MessageSource
ApplicationContext <|.. ApplicationEventPublisher
ApplicationContext <|.. ResourcePatternResolver
@enduml
```

复制上面的代码，预览结果如图 9-2 所示。

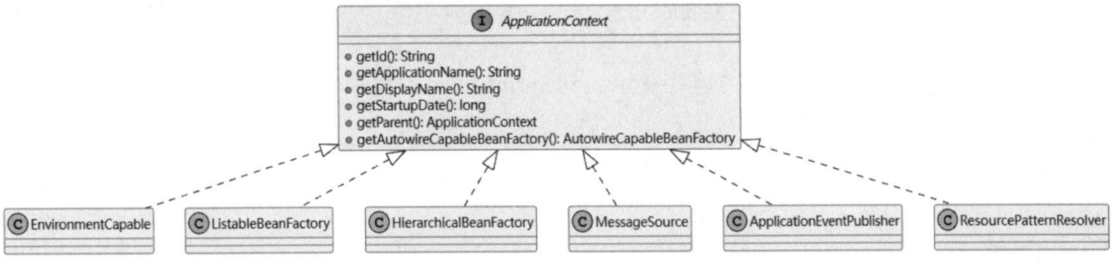

图 9-2　ApplicationContext 类图

从图 9-2 所示的组件图可以看出以下信息。

ApplicationContext是一个接口，它实现了多个接口，包括 EnvironmentCapable、ListableBeanFactory、HierarchicalBeanFactory、MessageSource、ApplicationEventPublisher 和 ResourcePatternResolver。该接口定义了若干方法来访问应用程序组件、加载文件资源、发布事件到已注册的侦听器、解决消息及检测和调用感知 bean，其中一些重要方法包括 getId()、getApplicationName()、getDisplayName()、 getStartupDate()、getParent() 和 getAutowireCapableBeanFactory()。

要想分析更多的组件，读者可以按照上述方法进行分析，其他的组件分析这里不再赘述。

3. 分析组件之间的交互作用

在图 9-2 中绘制的是 ApplicationContext 类图，但是我们不清楚它与其他组件之间是如何相互作用的，因此还需要使用时序图，但是时序图要指定具体的场景。下面我们假设在用户登录过程中，登录验证场景下的时序图。

要分析登录验证场景下的时序图，要先知道在登录验证时会用到哪些类。

动手示例

首先，我们向 ChatGPT 发送如下请求消息。

假设在用户登录过程中，进行登录验证，会用到 Spring 框架中的哪些类?

ChatGPT 的回答如下。

在 Spring 框架中，进行登录验证通常会用到以下类：

- AuthenticationManager：用于管理验证过程，接受一个 Authentication 对象作为参数并返回一个完全填充的 Authentication 对象。
- AuthenticationProvider：实现了用户认证逻辑，根据给定的用户名和密码验证用户是否合法，并返回一个填充的 Authentication 对象。
- UserDetails：表示存储在应用程序中的用户详细信息。
- UserDetailsService：提供从数据源（如数据库）获取 UserDetails 对象的方法。
- UsernamePasswordAuthenticationToken：表示用户名/密码身份验证令牌，用于将输入的用户名和密码传递给 AuthenticationManager 进行验证。

读者可以根据 ChatGPT 给出的这些提示，到 Spring 框架去找相应的代码，再分析它的静态结构（类图）。

然后，让 ChatGPT 帮助我们分析它们之间如何交互作用。

动手示例

我们接着向 ChatGPT 发送如下请求消息。

帮我绘制登录过程中用到的上面这些类的时序图，返回 PlantUML 代码。

ChatGPT 的回答如下。

下面是使用 PlantUML 绘制的登录过程时序图，包括 AuthenticationManager、

AuthenticationProvider、UserDetailsService、UsernamePasswordAuthenticationToken和UserDetails类：

```
@startuml

actor User
participant "Web Application" as WebApp
participant "AuthenticationManager" as AuthMgr
participant "AuthenticationProvider" as AuthProv
participant "UserDetailsService" as UserDetailSvc
participant "UsernamePasswordAuthenticationToken" as AuthToken
participant "UserDetails" as UserDetails

User -> WebApp: 输入用户名和密码
WebApp -> AuthMgr: 调用authenticate()方法
AuthMgr -> AuthProv: 调用authenticate()方法
AuthProv -> UserDetailSvc: 调用loadUserByUsername()方法
UserDetailSvc -> UserDetails: 返回UserDetails对象
AuthProv <- UserDetailSvc: 返回UserDetails对象
AuthProv -> AuthMgr: 返回填充的Authentication对象
AuthMgr -> WebApp: 返回填充的Authentication对象
WebApp -> AuthMgr: 调用login()方法传递填充的Authentication对象
AuthMgr -> AuthProv: 调用additionalAuthenticationChecks()方法
AuthProv -> AuthMgr: 返回认证成功信息

@enduml
```

复制上面的代码，预览结果如图 9-3 所示。

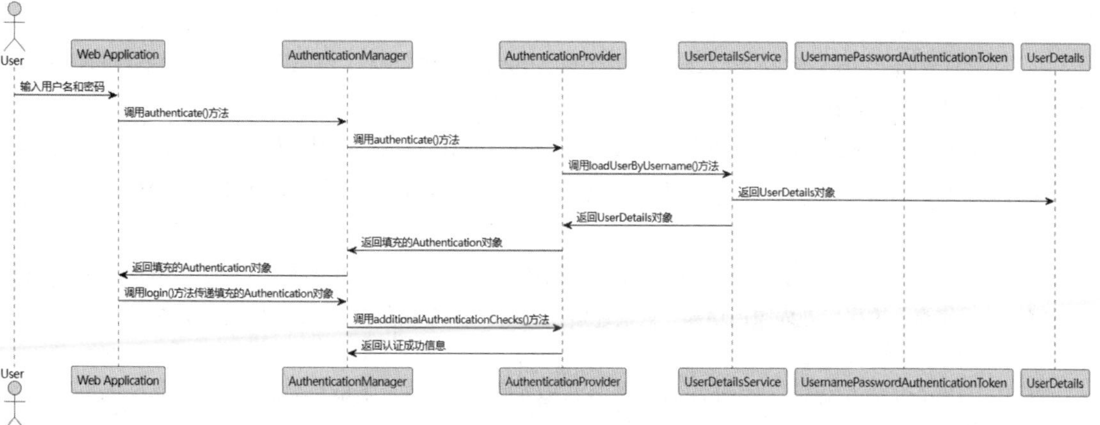

图 9-3　登录验证场景时序图

重点

注意，由于Spring框架本身非常庞大，同时其生态系统也十分广泛，因此无法涵盖所有应用场景。因此上述示例只是一个简单的时序图，可能不完全准确或完整，仅供参考。如果想掌握全面的时序图，需要自己使用IDE工具Debug跟踪代码执行过程。

经过前面的案例，读者应该对使用ChatGPT分析代码的方法有了一定的了解。当需要快速理解一份源代码时，ChatGPT可以作为一个非常好的工具，帮助我们快速生成类图并提供一些基础的文字描述。需要注意的是，ChatGPT并不是万能的，它只是根据已有的知识和语言模型进行推断和猜测，无法替代人类的思考和判断力。因此，在使用ChatGPT分析代码时，需要仔细检查结果以确保正确性。

9.2 使用ChatGPT分析别人的源代码

对于一些常见的框架，ChatGPT可能已经熟悉了它们的用法和特点。但是，当我们遇到别人编写的代码时，ChatGPT可能并不熟悉这些私有代码。在这种情况下，应该如何使用ChatGPT来帮助我们分析这些代码呢?

9.2.1 使用ChatGPT分析别人的源代码的策略

就分析手段而言，使用ChatGPT分析别人的源代码和框架并没有太大区别。无论何种情况，都需要从静态结构入手，并分析其动态行为。

重点

注意如下问题。

在分析别人的代码时，应该尽量避免直接修改原始代码，以保证其功能和稳定性不受影响。具体可以采取如下措施。

（1）创建代码副本。在分析和改进代码前，先创建一份原始代码的副本。然后在副本上进行必要的格式化、注释添加及优化改进等操作。

（2）仅格式化和添加注释。在副本上，应该尽量只进行代码格式化和添加必要注释等操作，避免对原有逻辑和结构做较大改动。格式化可以提高代码的可读性，添加注释可以解释关键逻辑和设计思想，这有助于他人理解代码。

（3）尊重原始设计。在分析代码时，要尽量理解和尊重原作者的编码习惯与设计思路。不应轻易对结构或逻辑做较大修改，这可能破坏原有功能。只有在发现比较严重的问题时，才提出修正方案进行改进。

综上，在分析别人的源代码时，要避免直接改动原始代码，采取创建副本、仅格式化和添加注释、尊重原始设计等措施。

9.2.2 案例2：Java源代码文件UserManager.java的分析

下面以笔者的学生编写的UserManager.java程序为例，介绍如何使用ChatGPT分析别人的Java源代码。

UserManager.java代码如下。

```
public class UserManager {    public static User[] users = new User[10];
    public static int count = 0;

    public void addUser(String name, String pwd)
    {
            if (count < users.length) {
                users[count++] = new User(name, pwd);
            } else {
                User[] newUsers = new User[users.length * 2];
                for (int i = 0; i < users.length; i++) {
                    newUsers[i] = users[i];
                }
                users = newUsers;
                users[count++] = new User(name, pwd);
            }
    }

    public boolean login(String name, String pwd)
    {
        for (int i = 0; i < count; i++) {
            if (name.equals(users[i].name) && pwd.equals(users[i].pwd)) {
                return true;
            }
        }
        return false;
    }
}

            class User {
                public String name;
                public String pwd;

                public User(String name, String pwd) {
                    this.name = name;
                    this.pwd = pwd;
```

```
            }
        }
```

上面的代码片段存严重的问题，我们重点只讨论如下问题。

（1）编码不规范，代码格式混乱。

（2）没有必要的注释。

（3）变量命名不规范，如count等，没有遵循驼峰命名法等规范。

为了尊重原作者的编程习惯，我们不要对问题（3）做任何修改，只是对问题（1）和（2）使用ChatGPT进行一些处理，方便我们分析代码即可。

1. 使用 ChatGPT 格式代码

首先，要使用ChatGPT格式代码，注意，这里需要指定格式化所遵循的编码规范。其次要注意，不要让ChatGPT修改其他的代码。

基于上面的注意事项，我们接着向ChatGPT发送如下请求消息。

如下代码，请帮我对代码按照谷歌编码规范进行格式化，注意不要修改其他内容。

```
public class UserManager {    public static User[] users = new User[10];
    public static int count = 0;

    public void addUser(String name, String pwd)
    {
            if (count < users.length) {
                users[count++] = new User(name, pwd);
            } else {
                User[] newUsers = new User[users.length * 2];
                for (int i = 0; i < users.length; i++) {
                    newUsers[i] = users[i];
                }
                users = newUsers;
                users[count++] = new User(name, pwd);
            }
    }

    public boolean login(String name, String pwd)
    {
        for (int i = 0; i < count; i++) {
            if (name.equals(users[i].name) && pwd.equals(users[i].pwd)) {
                return true;
            }
```

```
        }
        return false;
    }
}
            class User {
                public String name;
                public String pwd;

                public User(String name, String pwd) {
                    this.name = name;
                    this.pwd = pwd;
                }
            }
```

ChatGPT的回答如下。

这里给出按照谷歌Java编码规范格式化的代码：

```
public class UserManager {
  public static User[] users = new User[10];
  public static int count = 0;
  public void addUser(String name, String pwd) {
    if (count < users.length) {
      users[count++] = new User(name, pwd);
    } else {
      User[] newUsers = new User[users.length * 2];
      for (int i = 0; i < users.length; i++) {
        newUsers[i] = users[i];
      }
     users = newUsers;
     users[count++] = new User(name, pwd);
    }
  }
  public boolean login(String name, String pwd) {
    for (int i = 0; i < count; i++) {
      if (name.equals(users[i].name) && pwd.equals(users[i].pwd)) {
        return true;
      }
    }
    return false;
  }
```

```
}
class User {
  public String name;
  public String pwd;
  public User(String name, String pwd) {
    this.name = name;
    this.pwd = pwd;
  }
}
```

比较格式化前后，可以看出代码会有很大的不同。

2. 使用 ChatGPT 给代码添加注释

接下来，再让ChatGPT添加注释。

向ChatGPT发送如下请求消息。

如下代码，请帮我添加注释，注意不要修改其他内容。

```
public class UserManager {
  public static User[] users = new User[10];
  public static int count = 0;
  public void addUser(String name, String pwd) {
    if (count < users.length) {
      users[count++] = new User(name, pwd);
    } else {
      User[] newUsers = new User[users.length * 2];
      for (int i = 0; i < users.length; i++) {
        newUsers[i] = users[i];
      }
     users = newUsers;
     users[count++] = new User(name, pwd);
    }
  }
  public boolean login(String name, String pwd) {
    for (int i = 0; i < count; i++) {
      if (name.equals(users[i].name) && pwd.equals(users[i].pwd)) {
        return true;
      }
    }
    return false;
  }
}
```

```
class User {
  public String name;
  public String pwd;
  public User(String name, String pwd) {
    this.name = name;
    this.pwd = pwd;
  }
}
```

ChatGPT 的回答如下。

这里给出添加注释后的代码：

```
public class UserManager {
  //存储注册用户信息的数组
  public static User[] users = new User[10];
  //记录注册用户数量
  public static int count = 0;
  /*
  * 添加新用户方法
  * 判断用户数组是否已满，未满则在数组尾添加新用户
  * 满了则创建新数组，容量为原来 2 倍，并将原数据拷贝至新数组
  */
  public void addUser(String name, String pwd) {
    if (count < users.length) {
      users[count++] = new User(name, pwd);
    } else {
      //创建新数组
      User[] newUsers = new User[users.length * 2];
      //拷贝原数据到新数组
      for (int i = 0; i < users.length; i++) {
       newUsers[i] = users[i];
      }
     users = newUsers;
     users[count++] = new User(name, pwd);
    }
  }
  /*
  * 登录方法
  * 遍历用户数据查找用户名和密码匹配的用户
  * 找到则返回true，否则返回false
```

```
    */
    public boolean login(String name, String pwd) {
      for (int i = 0; i < count; i++) {
        if (name.equals(users[i].name) && pwd.equals(users[i].pwd)) {
        return true;
        }
      }
      return false;
  }
  }
  /*
  * 用户实体类
  * 包含用户名和密码两个字段
  */
  class User {
    public String name;
    public String pwd;
    public User(String name, String pwd) {
      this.name = name;
     this.pwd = pwd;
    }
  }
```

使用ChatGPT在主要的代码中添加了一些注释，这样更便于分析源代码。

3. 绘制类图

在UserManager.java代码文件中还包含多个类，可以使用 ChatGPT帮助我们绘制类图，以了解它的静态结构。

向ChatGPT发送如下请求消息。

为如下代码绘制类图，返回PlantUML代码。

```
public class UserManager {
  //存储注册用户信息的数组
  public static User[] users = new User[10];
  //记录注册用户数量
  public static int count = 0;
  /*
  * 添加新用户方法
  * 判断用户数组是否已满，未满则在数组尾添加新用户
  * 满了则创建新数组，容量为原来 2 倍，并将原数据拷贝至新数组
```

```
  */
  public void addUser(String name, String pwd) {
    if (count < users.length) {
      users[count++] = new User(name, pwd);
    } else {
      //创建新数组
      User[] newUsers = new User[users.length * 2];
      //拷贝原数据到新数组
      for (int i = 0; i < users.length; i++) {
       newUsers[i] = users[i];
      }
     users = newUsers;
     users[count++] = new User(name, pwd);
    }
  }
  /*
  * 登录方法
  * 遍历用户数据查找用户名和密码匹配的用户
  * 找到则返回true,否则返回false
  */
  public boolean login(String name, String pwd) {
    for (int i = 0; i < count; i++) {
     if (name.equals(users[i].name) && pwd.equals(users[i].pwd)) {
     return true;
     }
    }
    return false;
}
}
/*
* 用户实体类
* 包含用户名和密码两个字段
*/
class User {
  public String name;
  public String pwd;
  public User(String name, String pwd) {
    this.name = name;
   this.pwd = pwd;
  }
}
```

ChatGPT的回答如下。

以下是根据给定代码绘制的类图的PlantUML代码：

```
@startuml

class UserManager {
  -static users: User[]
  -static count: int
  +addUser(name: String, pwd: String): void
  +login(name: String, pwd: String): boolean
}

class User {
  -name: String
  -pwd: String
  +User(name: String, pwd: String)
}

UserManager --> User

@enduml
```

复制上面的代码，预览结果如图 9-4 所示。

从图 9-4 所示的类图可以看出 UserManager 内部结构，一目了然。

由于没有更多的信息，因此我们不能够对 UserManager.java 进行动态行为分析，也就无法绘制时序图了。

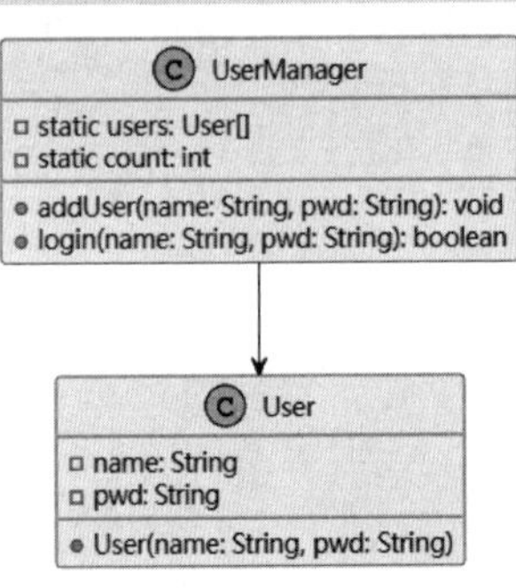

图 9-4　UserManager 类图

9.2.3 案例3：Python源代码文件user_manager.py的分析

9.2.2 小节分析了 Java 源代码，下面来分析一下 Python 源代码。下面的案例用的是 user_manager.py 文件，它的代码如下。

```
users = {'jack': {'password': '1234', 'privilege': 'admin'},
         'tom':  {'password': '2345', 'privilege': 'user'}}

def login(username, password):
```

```
    if username in users and users[username]['password'] == password:
        return True
    return False

def get_privilege(username):
    return users[username]['privilege']

def add_user(username, password, privilege):
    users[username] = {'password': password, 'privilege': privilege}

def delete_user(username):
    del users[username]

def change_password(username, new_password):
    users[username]['password'] = new_password
```

这个代码片段存在严重的问题，我们重点只讨论如下问题。

（1）变量命名不规范，如privilege等，没有遵循PEP 8[①]等规范。

（2）没有必要的注释，不利于理解代码逻辑与设计思想。

（3）变量命名不规范，如count等，没有遵循驼峰命名法等规范。

为了尊重原作者的编程习惯，我们不对问题（1）做任何修改，只对问题（2）使用ChatGPT进行一些处理，方便我们分析代码即可。

1. 使用 ChatGPT 给代码添加注释

下面再让ChatGPT添加注释。

动手示例

向ChatGPT发送如下请求消息。

有如下Python代码，请帮助代码添加注释，注意不要修改其他内容。

```
users = {'jack': {'password': '1234', 'privilege': 'admin'},
        'tom':  {'password': '2345', 'privilege': 'user'}}
def login(username, password):
    if username in users and users[username]['password'] == password:
        return True
    return False
def get_privilege(username):
```

① PEP 8 是Python官方的代码风格指南，旨在提高代码可读性和一致性。

```
    return users[username]['privilege']
def add_user(username, password, privilege):
    users[username] = {'password': password, 'privilege': privilege}
def delete_user(username):
    del users[username]
def change_password(username, new_password):
    users[username]['password'] = new_password
```

如下代码，请帮我添加注释，注意不要修改其他内容。

```
public class UserManager {
  public static User[] users = new User[10];
  public static int count = 0;
  public void addUser(String name, String pwd) {
    if (count < users.length) {
      users[count++] = new User(name, pwd);
    } else {
      User[] newUsers = new User[users.length * 2];
      for (int i = 0; i < users.length; i++) {
        newUsers[i] = users[i];
      }
     users = newUsers;
     users[count++] = new User(name, pwd);
    }
  }
  public boolean login(String name, String pwd) {
    for (int i = 0; i < count; i++) {
      if (name.equals(users[i].name) && pwd.equals(users[i].pwd)) {
        return true;
      }
    }
    return false;
  }
}
class User {
  public String name;
  public String pwd;
  public User(String name, String pwd) {
    this.name = name;
    this.pwd = pwd;
  }
}
```

ChatGPT的回答如下。

这里给出添加注释后的代码：

```
# 包含用户名、密码和权限的字典，用于用户管理
users = {'jack': {'password': '1234', 'privilege': 'admin'},
         'tom':  {'password': '2345', 'privilege': 'user'}}

# 用户登录函数，验证用户名和密码是否正确
def login(username, password):
    if username in users and users[username]['password'] == password:
        return True
    return False

# 获取用户权限的函数，根据用户名返回对应的权限值
def get_privilege(username):
    return users[username]['privilege']

# 添加新用户的函数，将新用户的信息存储到用户字典中
def add_user(username, password, privilege):
    users[username] = {'password': password, 'privilege': privilege}

# 删除用户的函数，从用户字典中删除指定用户名的用户信息
def delete_user(username):
    del users[username]

# 修改用户密码的函数，更新用户字典中指定用户名的密码信息
def change_password(username, new_password):
    users[username]['password'] = new_password
```

使用ChatGPT在主要的代码中添加了一些注释，这样更便于分析源代码。

2. 依赖关系图

由于在user_manager.py文件中，并没有定义类，那么为了描述静态结构，可以使用依赖关系图（Dependency Diagram），它是一种表示程序代码中模块之间依赖关系的图形，展示了程序中所有模块及相互之间的引用关系。

动手示例

向ChatGPT发送如下请求消息。

为如下代码绘制依赖关系图，返回PlantUML代码。

```
users = {'jack': {'password': '1234', 'privilege': 'admin'},
         'tom':  {'password': '2345', 'privilege': 'user'}}
def login(username, password):
    if username in users and users[username]['password'] == password:
        return True
    return False
def get_privilege(username):
    return users[username]['privilege']
def add_user(username, password, privilege):
    users[username] = {'password': password, 'privilege': privilege}
def delete_user(username):
    del users[username]
def change_password(username, new_password):
    users[username]['password'] = new_password
```

ChatGPT的回答如下。

以下是使用PlantUML语言绘制的依赖关系图所对应的PlantUML代码：

```
@startuml
class users {
    +jack: dict
    +tom: dict
}

login --> users
get_privilege --> users
add_user --> users
delete_user --> users
change_password --> users
@enduml
```

复制上面的代码，预览结果如图 9-5 所示。

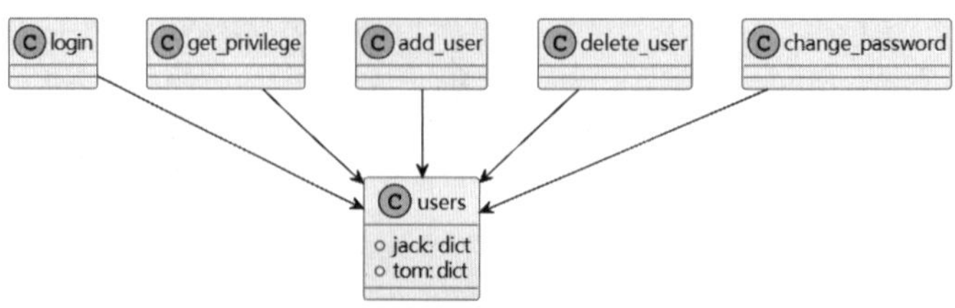

图 9-5　user_manager依赖关系图

9.3 本章总结

本章主要介绍了如何使用ChatGPT分析源代码的底层逻辑。在软件开发过程中，分析源代码的底层逻辑是非常重要的，能够帮助我们更好地理解代码的运行机制和设计思路。本章介绍了如何使用ChatGPT来辅助分析流行框架，如Spring框架，分析其核心组件和组件之间的交互作用，以及如何使用ChatGPT分析别人的源代码。本章通过案例实现了使用ChatGPT给Java和Python源代码添加注释，绘制类图和依赖关系图等功能，使得分析源代码更加高效和准确。通过本章的学习，我们可以更好地理解代码的运行机制和设计思路，提升代码的质量和可维护性，提高软件开发的效率和质量。

第10章 实战案例1：使用ChatGPT辅助开发PetStore宠物商店项目

经过前面的学习，我们已经对如何使用 ChatGPT 辅助程序员提高开发技能有了一定了解。从本章开始，将以实战案例的形式，帮助大家更好地消化吸收之前学习的内容。本章先介绍一个使用 ChatGPT 辅助开发 PetStore 宠物商店项目的案例。

10.1 项目概述

PetStore是Sun（现在的Oracle）公司为了演示自己的JavaEE技术而编写的一个基于Web宠物店项目，图 10-1 所示为项目启动页面。有关项目的介绍请参考官网Java Pet Store。

PetStore是典型的电子商务项目，是现在很多电商平台的雏形。技术方面主要采用JavaEE技术，用户界面采用Java Web技术实现。

PetStore宠物商店项目的主要功能包括以下几种。

- 用户登录。
- 商品查询。
- 添加商品到购物车。
- 查看购物车。
- 下订单。
- 查看订单。

图 10-1　PetStore项目启动页面

10.2 需求分析

对PetStore宠物商店项目有一定了解之后，就可以让项目ChatGPT帮助我们进行需求分析。

动手示例

向ChatGPT发送如下请求消息。

有如下项目需求，帮助确定系统功能。

PetStore宠物商店项目的主要功能包括：

用户登录、商品查询、添加商品到购物车、查看购物车、下订单和查看订单。

ChatGPT的回答如下。

根据您提供的PetStore宠物商店项目需求，我们可以确定如下主要系统功能。

（1）用户管理：用于管理网站用户，主要包含用户登录、注册、信息修改等功能。这属于基础功能，需要设计用户表并实现用户认证与授权。

（2）商品管理：网站管理员使用此功能管理网站商品，主要包含商品分类、商品信息维护、图片上传等功能。这属于网站内容管理功能，需要设计商品分类表、商品表、图片表等。

（3）购物车：用于记录用户选择的商品与数量，主要包含添加商品、修改商品、删除商品等功能。这属于用户操作数据的功能，需要设计购物车表。

（4）订单管理：用于管理用户订单，主要包含下订单、支付订单和订单查询等功能。这属于网站核心业务功能，需要设计订单表、订单项表等。

（5）商品查询：用于查询网站商品，主要包含按分类查询、全文搜索等功能。这属于商品展示功能，需要基于商品表实现商品信息的查询与展示。

（6）购物车查询：用于查询用户购物车内的商品，需要从购物车表中查询用户选择的商品信息与数量。

为了满足可视化的需求，我们会在确定需求之后绘制用例图。

动手示例

向ChatGPT发送如下请求消息。

有如下项目系统功能，根据的PetStore项目系统功能绘制用例图，返回PlantUML代码。

（1）用户管理：用于管理网站用户，主要包含用户登录、注册、信息修改等功能。这属于基础功能，需要设计用户表并实现用户认证与授权。

（2）商品管理：管理员使用此功能管理网站商品，主要包含商品分类、商品信息维护、图片上传等功能。这属于网站内容管理功能，需要设计商品分类表、商品表、图片表等。

（3）购物车：用于记录用户选择的商品与数量，主要包含添加商品、修改商品、删除商品等功能。这属于用户操作数据的功能，需要设计购物车表。

（4）订单管理：用于管理用户订单，主要包含下订单、支付订单和订单查询等功能。这属于网站核心业务功能，需要设计订单表、订单项表等。

（5）商品查询：用于查询网站商品，主要包含按分类查询商品等功能。这属于商品展示功能，需要基于商品表实现商品信息的查询与展示。

ChatGPT的回答如下。

以下是所描述的PetStore项目系统功能的用例图PlantUML代码：

```
@startuml

left to right direction
```

```
actor User as U

rectangle "PetStore" {

  U --> (用户管理)
  (用户管理) --> (用户登录)
  (用户管理) --> (用户注册)
  (用户管理) --> (信息修改)

  actor "管理员" as A
  A --> (商品管理)
  (商品管理) --> (商品分类)
  (商品管理) --> (商品信息维护)
  (商品管理) --> (图片上传)

  rectangle "购物车" {
    U --> (购物车)

    (购物车) --> (添加商品)
    (购物车) --> (修改商品)
    (购物车) --> (删除商品)
  }

  rectangle "订单管理" {
    U --> (订单管理)

    (订单管理) --> (下订单)
    (订单管理) --> (支付订单)
    (订单管理) --> (订单查询)
  }

  rectangle "商品查询" {
    U --> (商品查询)

    (商品查询) --> (按分类查询)
  }
}
@enduml
```

将上面的PlantUML代码保存后，预览导出图片，如图 10-2 所示。

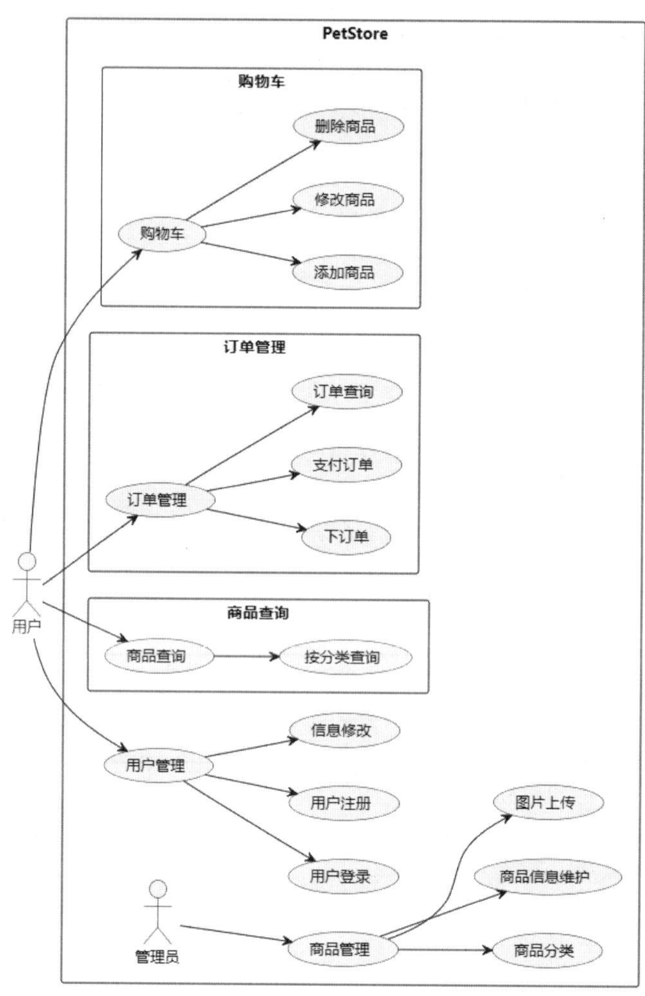

图 10-2　PetStore 宠物商店项目用例图

10.3 Python Web开发与分层架构设计

确定系统需求之后，就可以进行系统设计了。

针对项目基于Web的应用程序架构设计，可以采用分层架构的方式进行设计。分层架构可以将应用程序划分为不同层次的模块，每个模块只关注各自的职责，提高了代码的可维护性和可扩展性。

如果采用 Python 语言开发这样的 Web 系统，可以选择 Django、Flask、Web.py 和 FastAPI 等 Python Web 框架。

其中，FastAPI 是一款高性能的 Python Web 框架，基于 Starlette 库，使用 Pydantic 实现强类型校验，具有开发效率高、性能好、易用性高等优点。在本书中，我们会介绍使用 FastAPI 框架技术实现该项目。

合适的技术栈可以提高开发效率和项目的质量，需要结合具体项目需求和团队能力来进行选择。确定技术选型后，本书中PetStore宠物商店项目采用FastAPI构建表示层，采用MySQL数据库。下面进行分层架构设计，并通过ChatGPT辅助绘制该架构图。

动手示例

向ChatGPT发送如下请求消息。

使用PlantUML语言绘制架构设计图，其中包含表示层(使用FastAPI框架)、服务层、数据访问层和数据库层(MySQL数据库)。

ChatGPT的回答如下。

以下是PetStore项目系统功能需求的架构设计图：

```
@startuml

package "表示层" as web {
  [FastAPI]
}

package "服务层" as service {
  [业务逻辑处理]
}

package "数据访问层" as data {
  [ORM框架]
  [数据模型]
}

package "数据库层" as database {
  [MySQL]
}

web -> service
service -> data
data -> database

@enduml
```

将上面的PlantUML代码保存后，预览导出图片，如图10-3所示。

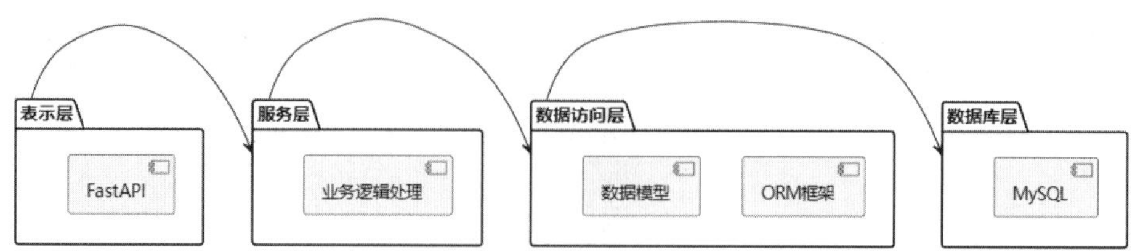

图 10-3　PetStore宠物商店项目分层架构图

在这个分层架构设计图中，可以看出如下信息。

- 表示层使用 FastAPI 框架提供 Web API，将请求传递给后面的服务层。
- 服务层是整个应用程序的核心，实现了业务逻辑处理。
- 数据访问层包含了 ORM 框架和数据模型，ORM 框架用于将数据读写操作翻译到数据库的 SQL 操作，数据模型则用于将数据库中的数据映射到内存中的对象。
- 数据库层使用 MySQL 存储数据。

这种分层架构设计使得应用程序易于维护和扩展，不同的层次之间的职责划分清晰并且互相解耦，使得更改特定层的代码不会涉及其他代码的更改。

10.4 页面原型设计

接下来进行原型设计。

10.4.1 页面划分

整理好用户需求后，可以使用ChatGPT帮助划分页面。

动手示例

向ChatGPT发送如下请求消息。

以下是PetStore项目系统功能需求，帮助划分HTML页面。

（1）用户管理：用于管理网站用户，主要包含用户登录、注册、信息修改等功能。这属于基础功能，需要设计用户表并实现用户认证与授权。

（2）商品管理：管理员使用此功能管理网站商品，主要包含商品分类、商品信息维护、图片上传等功能。这属于网站内容管理功能，需要设计商品分类表、商品表、图片表等。

（3）购物车：用于记录用户选择的商品与数量，主要包含添加商品、修改商品、删除商品等功能。这属于用户操作数据的功能，需要设计购物车表。

（4）订单管理：用于管理用户订单，主要包含下订单、支付订单和订单查询等功能。这属于网站核心业务功能，需要设计订单表、订单项表等。

（5）商品查询：用于查询网站商品，主要包含按分类查询商品等功能。这属于商品展示功能，需要基于商品表实现商品信息的查询与展示。

ChatGPT的回答如下。

根据PetStore项目系统功能需求，可以划分以下HTML页面：

- 首页：index.html
- 登录页面：login.html
- 注册页面：register.html
- 个人信息页面：profile.html
- 商品分类页面：category.html
- 商品添加页面：product_add.html
- 商品信息修改页面：product_edit.html
- 购物车页面：cart.html
- 订单查询页面：order_search.html
- 下单页面：checkout.html
- 支付页面：payment.html
- 商品展示页面：product_list.html
- 订单完成页面（order_complete.html）

以上页面只是初步设计，读者可以根据具体业务需求进行修改和优化。

10.4.2 页面跳转关系图

由于全部的功能比较多，页面图比较复杂，如果完全依赖ChatGPT的描述可能会存在一些问题。

为了简化开发，笔者用文字形式描述了一个基本页面跳转关系图：

页面启动进入首页（index.html）→登录页面（login.html）→商品展示页面（product_list.html）→购物车页面（cart.html）→支付页面（payment.html）→订单完成页面（order_complete.html）。

为了更加直观地看到页面的跳转，我们可以使用ChatGPT利用PlantUML语言帮助绘制页面跳转关系图。

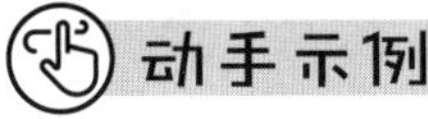

向ChatGPT发送如下请求消息。

页面跳转关系如下：帮我使用PlumUML语言绘制跳页面转关系图。

页面启动进入首页（index.html）→登录页面（login.html）→商品展示页面（product_list.html）→购物车页面（cart.html）→支付页面（payment.html）→订单完成页面（order_ complete.html）。

ChatGPT 回答返回的代码如下。

```
@startuml

index.html -> login.html : 单击登录
login.html -> product_list.html : 登录成功
product_list.html -> cart.html : 查看购物车
product_list.html -> product_list.html : 添加商品到购物车
cart.html -> payment.html : 去结算
payment.html -> order_complete.html : 支付成功

@enduml
```

将上面的PlantUML代码保存后，预览导出图片，如图 10-4 所示。

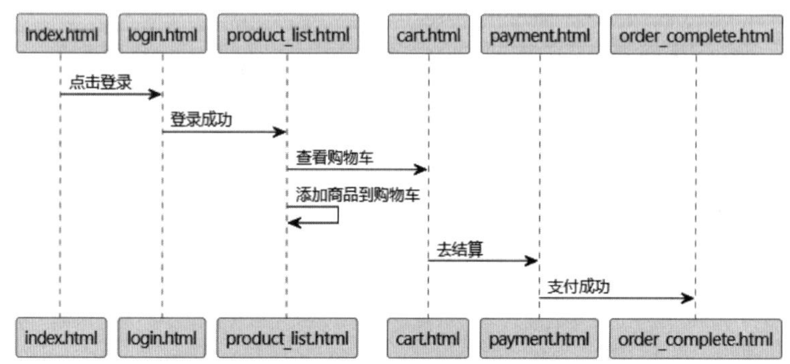

图 10-4 PetStore 宠物商店项目页面跳转关系图

图 10-4 所示是PetStore宠物商店项目的页面跳转序列。箭头“→”表示跳转方向，箭头左边是源页面，箭头右边是目标页面。

10.4.3 生成原型页面

在进行原型页面时，我们还采用 Bootstrap 前端框架来创建原型。由于页面很多，这里只介绍其中几个页面，希望能够抛砖引玉。其中最核心的页面如下。

- 登录页面 login.html
- 商品展示页面 product_list.html
- 购物车页面 cart.html
- 支付页面 payment.html

下面分别介绍如何使用ChatGPT制作这几个原型页面。

1. 登录页面 login.html

动手示例

如果想要使用ChatGPT帮助生成页面，需要提供尽可能详细和具体的信息。

我们向ChatGPT发送如下请求消息。

使用Bootstrap框架生成登录页面login.html，提示用户可以用邮箱或手机号码登录，登录失败时给用户提示信息。

指令执行后，ChatGPT的回答如下。

以下是一个使用Bootstrap框架生成登录页面login.html的代码示例，支持邮箱或手机号码登录，并在登录失败时向用户提供提示信息：

```
<!DOCTYPE html>
<html lang="zh-CN">
<head>
  <meta charset="UTF-8">
  <meta name="viewport" content="width=device-width, initial-scale=1.0">
  <title>登录页面</title>
  <link rel="stylesheet" href="https://stackpath.bootstrapcdn.com/
                                  bootstrap/4.3.1/css/bootstrap.min.css">
</head>
<body>

<div class="container mt-5">
  <div class="row">
    <div class="col-md-6 offset-md-3">
      <div class="card">
        <div class="card-header">
          登录
        </div>
        <div class="card-body">
          <form id="login-form">
            <div class="form-group">
              <label for="username">邮箱或手机号码</label>
              <input type="text" class="form-control" id="username"
                     placeholder="输入邮箱或手机号码">
            </div>
            <div class="form-group">
```

```
          <label for="password">密码</label>
          <input type="password" class="form-control" id="password"
                placeholder="输入密码">
        </div>
        <div class="form-group form-check">
          <input type="checkbox" class="form-check-input" id="remember-me">
          <label class="form-check-label" for="remember-me">记住我
                                        </label>
        </div>
        <button type="submit" class="btn btn-primary">登录</button>
      </form>
      <div class="alert alert-danger mt-3 d-none" role="alert"
              id="login-failed-alert">
        登录失败，请检查输入的用户名和密码是否正确。
      </div>
    </div>
  </div>
 </div>
</div>
</div>

<script src="https://code.jquery.com/jquery-3.3.1.slim.min.js"></script>
<script src="https://cdnjs.cloudflare.com/ajax/libs/popper.js/1.14.7/umd/
        popper.min.js"></script>
<script src="https://stackpath.bootstrapcdn.com/bootstrap/4.3.1/js/
        bootstrap.min.js"></script>
<script>
  $(function() {
    // 当表单提交时触发
    $('#login-form').submit(function(e) {
e. preventDefault(); // 阻止表单默认提交行为
      var username = $('#username').val();
      var password = $('#password').val();
      // 使用正则表达式判断是邮箱还是手机号码
      var isEmail = /^\w+([-+.]\w+)*@\w+([-.]\w+)*\.\w+([-.]\w+)*$/.
          test(username);
      var isMobile = /^1[0-9]{10}$/.test(username);
      if (!isEmail && !isMobile) {
        alert('请输入有效的邮箱或手机号码');
        return;
      }
```

```
      // 模拟登录请求
      $.ajax({
        url: '登录接口地址',
        type: 'POST',
        data: {
          username: username,
          password: password
        },
        success: function(data) {
          if (data.success) {
            alert('登录成功');
          } else {
// 显示登录失败提示信息
            $('#login-failed-alert').removeClass('d-none');
          }
        },
        error: function() {
          alert('登录失败，请稍后再试');
        }
      });
    });
  });
</script>

</body>
</html>

</html>
```

复制上面的代码，将代码保存为login.html，使用浏览器打开，结果如图 10-5 所示。

图 10-5　用户登录页面

2. 商品展示页面 product_list.html

动手示例

我们向ChatGPT发送如下请求消息。

为PetStore宠物商店项目，使用Bootstrap框架生成商品展示页面product_list.html，按照分类进行搜索，其中商品（宠物）分类包括：鱼、猫类、犬类、鸟类和其他，注意商品（宠物）展示采用卡片布局。

指令执行后，ChatGPT的回答如下。

以下是一个示例代码，可以生成符合要求的product_list.html页面：

```
<!DOCTYPE html>
<html>
<head>
    <meta charset="utf-8">
    <meta name="viewport" content="width=device-width, initial-scale=1,
                shrink-to-fit=no">
    <title>商品展示页面</title>
    <link rel="stylesheet" href="https://cdn.staticfile.org/twitter-
              bootstrap/4.5.0/css/bootstrap.min.css">
    <script src="https://cdn.staticfile.org/jquery/3.5.1/jquery.min.js"></
                script>
    <script src="https://cdn.staticfile.org/popper.js/1.16.0/umd/popper.
                min.js"></script>
    <script src="https://cdn.staticfile.org/twitter-bootstrap/4.5.0/js/
                bootstrap.min.js"></script>
</head>
<body>
    <nav class="navbar navbar-expand-md bg-dark navbar-dark">
        <a class="navbar-brand" href="#">商品展示页面</a>
        <button class="navbar-toggler" type="button" data-toggle="collapse"
                data-target="#collapsibleNavbar">
            <span class="navbar-toggler-icon"></span>
        </button>
        <div class="collapse navbar-collapse" id="collapsibleNavbar">
            <ul class="navbar-nav">
                <li class="nav-item">
```

```
                <a class="nav-link" href="#">首页</a>
            </li>
            <li class="nav-item">
                <a class="nav-link" href="#">关于我们</a>
            </li>
        </ul>
    </div>
</nav>

<div class="container my-5">
    <h2 class="text-center mb-4">商品展示页面</h2>
    <form action="" method="get">
        <div class="row">
            <div class="col-md-4">
                <div class="form-group">
                    <label for="category">选择分类：</label>
                    <select class="form-control" id="category"
                            name="category">
                        <option value="">请选择分类</option>
                        <option value="1">犬类</option>
                        <option value="2">鱼类</option>
                        <option value="3">鸟类</option>
                        <option value="4">其他</option>
                    </select>
                </div>
            </div>
        </div>
        <div class="row">
            <div class="col">
                <button type="submit"
                        class="btn btn-primary">搜索</button>
            </div>
        </div>
    </form>

    <div class="row mt-5">
        <div class="col-md-4">
            <div class="card mb-4">
                <img class="card-img-top" src="https://via.placeholder.
                    com/350x200" alt="拉布拉多犬">
```

```
                    <div class="card-body">
                        <h4 class="card-title">拉布拉多犬</h4>
                        <p class="card-text">性格温顺的狗狗</p>
                        <p class="card-text">价格: 100 元</p>
                        <a href="#" class="btn btn-primary">详情</a>
                    </div>
                </div>
            </div>
            <div class="col-md-4">
                <div class="card mb-4">
                    <img class="card-img-top" src="https://via.placeholder.
                        com/350x200" alt="金刚鹦鹉">
                    <div class="card-body">
                        <h4 class="card-title">金刚鹦鹉</h4>
                        <p class="card-text">产地亚马孙热带雨林</p>
                        <p class="card-text">价格: 200 元</p>
                        <a href="#" class="btn btn-primary">详情</a>
                    </div>
                </div>
            </div>
            <div class="col-md-4">
                <div class="card mb-4">
                    <img class="card-img-top" src="https://via.placeholder.
                        com/350x200" alt="神仙鱼">
                    <div class="card-body">
                        <h4 class="card-title">神仙鱼</h4>
                        <p class="card-text">来自澳大利亚的咸水鱼</p>
                        <p class="card-text">价格: 300 元</p>
                        <a href="#" class="btn btn-primary">详情</a>
                    </div>
                </div>
            </div>
        </div>
    </div>
</body>
</html>
```

复制上面的代码，将代码保存为product_list.html，使用浏览器打开，结果如图 10-6 所示。

图 10-6　商品展示页面

3. 购物车页面 cart.html

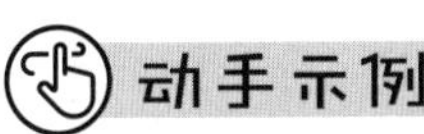

我们向 ChatGPT 发送如下请求消息。

为PetStore宠物商店项目，使用Bootstrap框架生成购物车页面cart.html。

指令执行后，ChatGPT的回答如下。

以下是使用Bootstrap框架，生成符合PetStore宠物商店项目风格的购物车页面cart.html的示例代码：

```
<!DOCTYPE html>
<html lang="en">
<head>
  <meta charset="UTF-8">
  <title>PetStore - 购物车</title>

  <!-- 引入Bootstrap的样式文件 -->
  <link rel="stylesheet" href="https://cdn.staticfile.org/twitter-
      bootstrap/4.5.1/css/bootstrap.min.css">

  <style>
    .cart {
      margin: 20px 0;
    }
```

```
  .cart .row {
    margin-bottom: 20px;
    border-bottom: 1px solid #ddd;
    padding-bottom: 20px;
  }

  .cart .item img {
    max-width: 100px;
    max-height: 100px;
    margin-right: 20px;
  }

  .cart .item .info {
    display: inline-block;
  }

  .cart .item .quantity {
    margin-left: 20px;
  }

  .cart .item .price {
    margin-left: 20px;
  }

  .cart .subtotal {
    text-align: right;
    font-size: 18px;
    font-weight: bold;
  }

  .cart .checkout {
    text-align: right;
  }

  .cart .checkout button {
    padding: 8px 20px;
    font-size: 18px;
    font-weight: bold;
  }
</style>
```

```
</head>
<body>
  <div class="container">
    <h1 class="text-center mt-5 mb-3">购物车</h1>

    <div class="cart">
      <div class="row">
        <div class="col-2 item">
          <img src="https://fakeimg.pl/100x100/?text=Fish&type=jpg" alt="鱼">
          <div class="info">
            <h5 class="mb-1">鱼</h5>
            <p class="mb-0">这里是鱼的描述</p>
          </div>
        </div>
        <div class="col-2 quantity">
          <input type="number" class="form-control" value="1">
        </div>
        <div class="col-2 price">
          <p>￥10.00</p>
        </div>
        <div class="col-2 subtotal">
          <p>￥10.00</p>
        </div>
        <div class="col-2">
          <button type="button" class="btn btn-danger">删除</button>
        </div>
      </div>
      <div class="row">
        <div class="col-2 item">
          <img src="https://fakeimg.pl/100x100/?text=Cat&type=jpg" alt="猫">
          <div class="info">
            <h5 class="mb-1">猫</h5>
            <p class="mb-0">这里是猫的描述</p>
          </div>
        </div>
        <div class="col-2 quantity">
          <input type="number" class="form-control" value="2">
        </div>
        <div class="col-2 price">
          <p>￥20.00</p>
        </div>
```

```
      <div class="col-2 subtotal">
        <p> ¥40.00</p>
      </div>
      <div class="col-2">
        <button type="button" class="btn btn-danger">删除</button>
      </div>
    </div>
    <div class="row">
      <div class="col-12 checkout">
        <p>合计: ¥50.00</p>
        <button type="button" class="btn btn-success">结算</button>
      </div>
    </div>
  </div>

</div>

<!-- 引入Bootstrap的JS文件 -->
<script src="https://cdn.staticfile.org/jquery/3.2.1/jquery.min.js">
        </script>
<script src="https://cdn.staticfile.org/popper.js/1.12.5/umd/popper.min.
        js"></script>
<script src="https://cdn.staticfile.org/twitter-bootstrap/4.3.1/js/
        bootstrap.min.js"></script>
<script>
  // 删除商品
  $('.cart .item button').click(function(event) {
    $(this).parents('.row').remove();
    updateCartTotal();
  });

  // 更新购物车总价
  function updateCartTotal() {
    var total = 0;
    $('.cart .item').each(function() {
      var price = parseFloat($(this).find('.price p').text().slice(1));
      var quantity = parseInt($(this).find('.quantity input').val());
      var subtotal = price * quantity;
      $(this).find('.subtotal p').text(' ¥' + subtotal.toFixed(2));
      total += subtotal;
    });
```

```
      $('.cart .checkout p').text('合计：￥' + total.toFixed(2));
    }

    // 监听商品数量变化，自动更新小计和总价
    $('.cart .item input').change(function(event) {
      var quantity = parseInt($(this).val());
      if (quantity < 1 || isNaN(quantity)) {
        $(this).val(1);
        quantity = 1;
      }
      updateCartTotal();
    });
  </script>
</body>
</html>
```

复制上面的代码，将代码保存为cart.html，使用浏览器打开，结果如图 10-7 所示。

图 10-7　购物车页面

4. 支付页面 payment.html

动手示例

如果想要使用ChatGPT帮助生成页面，需要提供尽可能详细和具体的信息。

我们向ChatGPT发送如下请求消息。

为PetStore宠物商店项目，使用Bootstrap框架生成支付页面：payment.html。

指令执行后，ChatGPT的回答如下。

下面是使用Bootstrap框架生成的PetStore宠物商店项目的支付页面payment.html的示例代码。请按照您的实际需求进行修改。

```
<!DOCTYPE html>
<html lang="en">
<head>
  <meta charset="UTF-8">
  <title>PetStore - 支付</title>

  <!-- 引入Bootstrap的样式文件 -->
  <link rel="stylesheet" href="https://cdn.staticfile.org/twitter-
        bootstrap/4.3.1/css/bootstrap.min.css">

  <style>
    .payment {
      margin: 20px 0;
    }

    .payment .row {
      margin-bottom: 20px;
    }

    .payment .alert {
      margin-bottom: 20px;
    }

    .payment .form-group {
      margin-bottom: 20px;
    }

    .payment .form-group label {
      font-weight: bold;
    }

    .payment .form-check label {
      font-weight: normal;
    }

    .payment .form-check-inline {
      margin-right: 20px;
    }

    .payment .checkout {
      text-align: right;
```

```
    }
  </style>
</head>
<body>
  <div class="container">
    <h1 class="text-center mt-5 mb-3">支付</h1>

    <div class="payment">

      <!-- 错误提示 -->
      <div class="alert alert-danger" role="alert">
        请确保您填写的信息正确无误。
      </div>

      <!-- 支付信息 -->
      <form>
        <div class="row">
          <div class="col-12 form-group">
            <label for="name">姓名：</label>
            <input type="text" class="form-control" id="name" required>
          </div>
        </div>

        <div class="row">
          <div class="col-12 form-group">
            <label for="address">地址：</label>
            <input type="text" class="form-control" id="address" required>
          </div>
        </div>

        <div class="row">
          <div class="col-12 form-group">
            <label for="phone">电话：</label>
            <input type="tel" class="form-control" id="phone" required>
          </div>
        </div>

        <hr>

        <div class="row">
          <div class="col-12">
```

```
            <p>选择支付方式：</p>

            <div class="form-check form-check-inline">
              <input class="form-check-input" type="radio" name="payment"
                     id="wechat" required>
              <label class="form-check-label" for="wechat">微信支付</label>
            </div>

            <div class="form-check form-check-inline">
              <input class="form-check-input" type="radio" name="payment"
                     id="alipay" required>
              <label class="form-check-label" for="alipay">支付宝</label>
            </div>

            <div class="form-check form-check-inline">
              <input class="form-check-input" type="radio" name="payment"
                     id="creditcard" required>
              <label class="form-check-label" for="creditcard">信用卡支付</
                     label>
            </div>
          </div>
        </div>

        <hr>

        <div class="row">
          <div class="col-12 checkout">
            <button type="submit" class="btn btn-success">确认支付</button>
          </div>
        </div>
      </form>
    </div>

</div>

<!-- 引入Bootstrap的JS文件 -->
<script src="https://cdn.staticfile.org/jquery/3.2.1/jquery.min.js"></
          script>
<script src="https://cdn.staticfile.org/popper.js/1.12.5/umd/popper.min.
          js"></script>
<script src="https://cdn.staticfile.org/twitter-bootstrap/4.3.1/js/
```

```
                  bootstrap.min.js"></script>
</body>
</html>
```

复制上面的代码，将代码保存为payment.html，使用浏览器打开，结果如图 10-8 所示。

图 10-8　支付页面

10.5 详细设计

在详细设计过程中，通常使用类图来描述系统的静态结构，并用时序图来描述系统的动态行为。

10.5.1 找出实体类

在设计静态结构时，首先要从系统需求中提取实体类，实体类也是后期数据库设计的基础。

动手示例

我们向ChatGPT发送如下请求消息。

以下是PetStore项目系统功能需求，请帮我找出实体。

（1）用户管理：用于管理网站用户，主要包含用户登录、注册、信息修改等功能。这属于基础功能，需要设计用户表并实现用户认证与授权。

（2）商品管理：网站管理员使用此功能管理网站商品，主要包含商品分类、商品信息维护、图片上传等功能。这属于网站内容管理功能，需要设计商品分类表、商品表、图片表等。

（3）购物车：用于记录用户选择的商品与数量，主要包含添加商品、修改商品、删除商品等功能。这属于用户操作数据的功能，需要设计购物车表。

（4）订单管理：用于管理用户订单，主要包含下订单、支付订单和订单查询等功能。这属于网站核心业务功能，需要设计订单表、订单项表等。

（5）商品查询：用于查询网站商品，主要包含按分类查询、全文搜索等功能。这属于商品展示功能，需要基于商品表实现商品信息的查询与展示。

（6）购物车查询：用于查询用户购物车内的商品，需要从购物车表中查询用户选择的商品信息与数量。

指令执行后，ChatGPT的回答如下。

根据上述需求，可以将以下实体进行设计：

（1）用户（User）：用于存储用户的登录名、密码、邮箱、手机号等相关信息。

（2）商品分类（Category）：用于存储商品分类的相关信息。

（3）商品（Product）：用于存储商品的相关信息，包括商品名称、描述、价格等。

（4）图片（Image）：用于存储商品的相关图片信息。

（5）购物车（Cart）：用于存储用户添加到购物车中的商品及其数量。

（6）订单（Order）：用于存储用户的订单信息，包括订单号、用户、收货地址、总价等。

（7）订单项（OrderItem）：用于存储订单中的商品信息，包括商品名称、数量、单价等。

使用ChatGPT生成的实体只是一个参考，我们需要根据自己的业务进行修改，上面生成的“图片”没有必要，可以与“商品”合并，修改实体如下。

（1）用户（User）：用于存储用户的登录名、密码、邮箱、手机号等相关信息。

（2）商品分类（Category）：用于存储商品分类的相关信息。

（3）商品（Product）：用于存储商品的相关信息，包括商品名称、描述、价格、相关图片。

（4）购物车（Cart）：用于存储用户添加到购物车中的商品及其数量。

（5）订单（Order）：用于存储用户的订单信息，包括订单号、用户、收货地址、总价等。

（6）订单项（OrderItem）：用于存储订单中的商品信息，包括商品名称、数量、单价等。

10.5.2 绘制实体类图

获得实体类后，就可以绘制实体类图了。

动手示例

我们向ChatGPT发送如下请求消息。

有如下实体类描述，帮我使用PlantUML语言绘制实体类图。

（1）用户（User）：用于存储用户的登录名、密码、邮箱、手机号等相关信息。

（2）商品（Product）：用于存储商品的相关信息，包括商品名称、描述、价格、相关图片。

（3）购物车（Cart）：用于存储用户添加到购物车中的商品及其数量。

（4）订单（Order）：用于存储用户的订单信息，包括订单号、用户、收货地址、总价等。
（5）订单项（OrderItem）：用于存储订单中的商品信息，包括商品名称、数量、单价等。

指令执行后，ChatGPT 的回答如下。

```
@startuml

class User{
    ~userId~
    name
    password
    email
    phone
}

class Product{
    ~productId~
    name
    category
    description
    price
    image
}

class Cart{
   ~cartId~
   quantity
   User
   Product
}

class Order{
    ~orderId~
    User
    address
    totalPrice
}

class OrderItem{
   ~orderItemId~
   name
```

```
    quantity
    price
    Order
    Product
  }

  User  *-- "0..*" Cart  : contains
  Cart  *-- "0..*" Product: contains
  User  *-- "0..*" Order   : places
  Order *-- "0..1" OrderItem : makes
  Product *-- "0..*" OrderItem:  includes
  @enduml
```

复制上面的PlantUML代码，保存后预览导出图片，如图 10-9 所示。

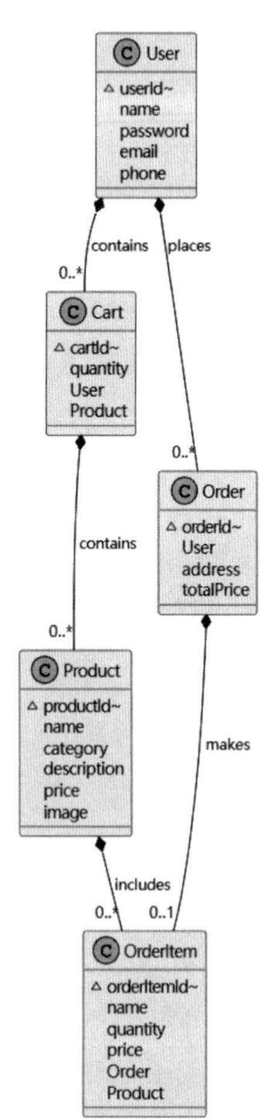

图 10-9 PetStore 宠物商店项目实体类图

10.5.3 服务层设计

服务层负责处理核心业务逻辑，我们可以借助ChatGPT进行服务层设计，然后再根据具体情况进行修改，这个过程是不断反复的，直到修改满意为止。

动手示例

我们向 ChatGPT 发送如下请求消息。

有如下项目系统功能，帮我使用PlantUML语言绘制服务层类图。

（1）用户管理：用于管理网站用户，主要包含用户登录、注册、信息修改等功能。这属于基础功能，需要设计用户表并实现用户认证与授权。

（2）商品管理：管理员使用此功能管理网站商品，主要包含商品分类、商品信息维护、图片上传等功能。这属于网站内容管理功能，需要设计商品分类表、商品表、图片表等。

（3）购物车：用于记录用户选择的商品与数量，主要包含添加商品、修改商品、删除商品等功能。这属于用户操作数据的功能，需要设计购物车表。

（4）订单管理：用于管理用户订单，主要包含下订单、支付订单和订单查询等功能。这属于网站核心业务功能，需要设计订单表、订单项表等。

（5）商品查询：用于查询网站商品，主要包含按分类查询商品等功能。这属于商品展示功能，需要基于商品表实现商品信息的查询与展示。

指令执行后，ChatGPT 的回答如下。

```
@startuml
package ServiceLayer {
    class UserService {
        + login(username, password)
        + register(user)
        + updateUser(user)
    }

    class ProductService {
        + get_all_categories()
        + add_category(category)
        + update_category(category)
        + delete_category(id)
        + get_all_products()
        + get_product_by_id(id)
        + get_products_by_category(categoryId)
        + addProduct(product)
        + updateProduct(product)
        + deleteProduct(id)


    }

    class CartService {
        + add_product(userId, productId, quantity)
        + update_product(userId, productId, quantity)
        + delete_product(userId, productId)
        + get_cart(userId)
    }

    class OrderService {
        + add_order_from_cart(order,cart)

    }
}
```

```
UserService ..> ProductService
CartService ..> UserService
CartService ..> ProductService
OrderService ..> CartService
OrderService ..> UserService

@enduml
```

复制上面的PlantUML代码，保存后预览导出图片，如图 10-10 所示。

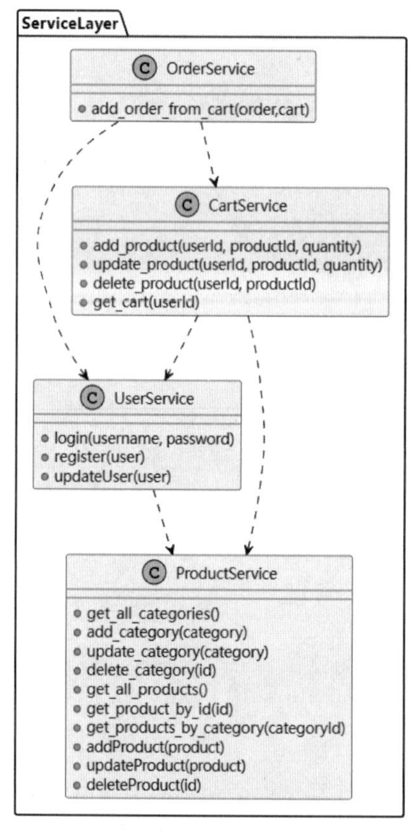

图 10-10 PetStore宠物商店项目服务层类图

ChatGPT生成的用例只是给出了一个初步的参考方案，需要根据实际情况进行调整和修改。在实施项目过程中，读者需要考虑具体的业务需求、技术环境和资源限制等多种因素，然后结合ChatGPT所生成的用例进行进一步优化和改进。

10.5.4 数据访问层设计

数据访问层与数据库表相关，而数据库表与实体相关，因此在设计数据库访问层时需要告诉ChatGPT系统中有哪些实体。

动手示例

我们向 ChatGPT 发送如下请求消息。

有如下实体，帮我使用 PlantUML 语言绘制数据访问层类图。

（1）用户（User）：用于存储用户的登录名、密码、邮箱、手机号等相关信息。

（2）商品分类（Category）：用于存储商品分类的相关信息。

（3）商品（Product）：用于存储商品的相关信息，包括商品名称、描述、价格、相关图片。

（4）购物车（Cart）：用于存储用户添加到购物车中的商品及其数量。

（5）订单（Order）：用于存储用户的订单信息，包括订单号、用户、收货地址、总价等。

（6）订单项（OrderItem）：用于存储订单中的商品信息，包括商品名称、数量、单价等。

指令执行后，ChatGPT 的回答如下。

```
@startuml

abstract class BaseDao{
}

class UserDao extends BaseDao{
    +insert_user(user: User)
    +update_user(user: User)
    +delete_user(user: User)
    +select_user()
}

class ProductDao extends BaseDao{
    +insert_product(product: Product)
    +update_product(product: Product)
    +delete_product(product: Product)
    +select_product()
}

class CartDao extends BaseDao{
    +insert_cart(cart: Cart)
    +update_cart(cart: Cart)
    +delete_cart(cart: Cart)
}

class OrderDao extends BaseDao{
```

```
    +insert_order(order: Order)
    +update_order(order: Order)
    +delete_order(order: Order)
}

class OrderItemDao extends BaseDao{
    +insert_orderItem(item: OrderItem)
    +update_orderItem(item: OrderItem)
    +delete_orderItem(item: OrderItem)
}

BaseDao <|-- UserDao
BaseDao <|-- ProductDao
BaseDao <|-- CartDao
BaseDao <|-- OrderDao
BaseDao <|-- OrderItemDao

@enduml
```

复制上面的PlantUML代码，保存后预览导出图片，如图 10-11 所示。

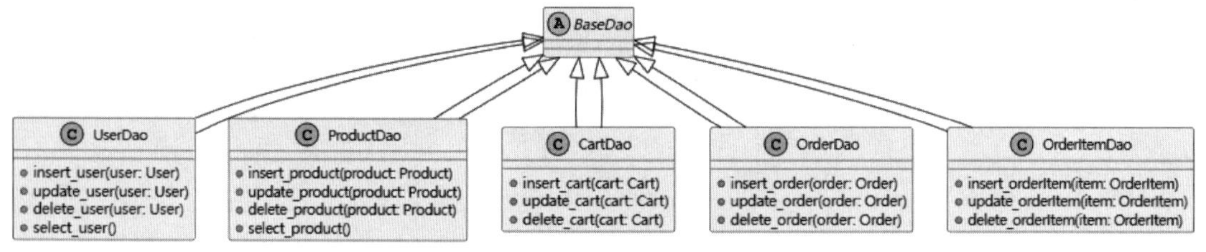

图 10-11　PetStore 宠物商店项目数据访问层类图

10.5.5 绘制时序图

时序图与用力场景是有关系的，因此，在绘制时序图时要指定用例场景。从整个系统看，用例场景有很多，这里我们重点介绍如下用例场景：

- 用户登录；
- 按照商品（宠物）类别查询商品；
- 支付订单。

1. 用户登录

首先介绍使用ChatGPT生成用户登录场景时序图，需要注意的是，我们需要告诉ChatGPT采用什么架构，以及相关对象有哪些，越详细越好。

动手示例

我们向ChatGPT发送如下请求消息。

采用Python FastAPI框架，请按照三层架构，即表示层（FastAPI）、服务层（User Service）、数据访问层（UserDAO），绘制用户登录时序图，返回PlumUML代码。

指令执行后，ChatGPT的回答如下。

这里是FastAPI框架下，三层架构用户登录时序图：

```
plantuml
@startuml
participant "表示层(FastAPI路由)" as Views
participant "服务层(UserService)" as Service
participant "数据访问层(UserDAO)" as DAO

Views -> Service : login(user)
activate Service

Service -> DAO : get_by_username(user.username)
activate DAO
DAO --> Service : 返回 User 对象或 None
deactivate DAO

alt User对象存在
    Service -> DAO: check_password(user.password)
    activate DAO
    DAO --> Service : 返回 True 或 False
    deactivate DAO

    alt 密码正确
        Views --> Views : 返回 200 响应, 设置 Token
    else 密码错误
        Views --> Views : 返回 401 响应
    end
else User对象不存在
    Views --> Views : 返回 401 响应
end

deactivate Service
```

```
@enduml
```

复制上面的PlantUML代码，保存后预览导出时序图，如图 10-12 所示。

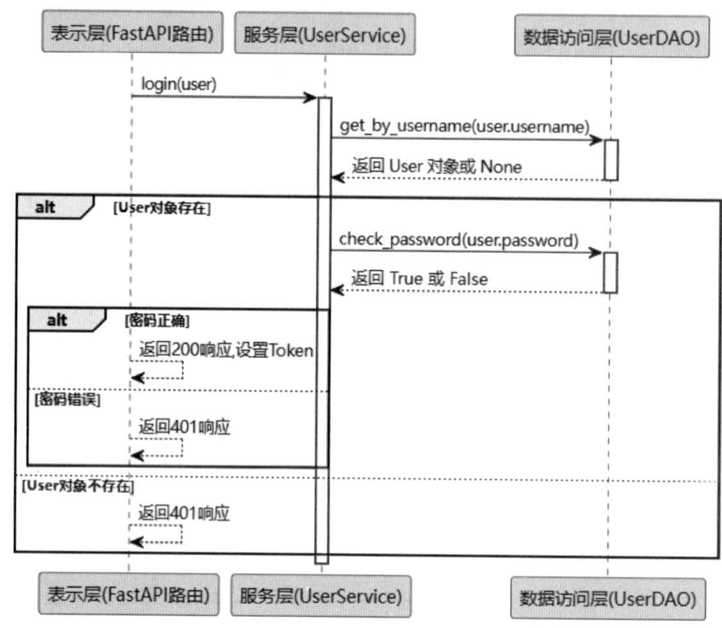

图 10-12 PetStore 宠物商店项目用户登录场景时序图

图 10-12 所示的时序图描述了用户登录验证的流程，该流程涉及以下参与者。

- 表示层（FastAPI 路由）：处理 HTTP（S）请求和响应，即处理客户端和服务器之间的通信。
- 服务层（UserService）：处理商店的业务逻辑，使用数据访问层执行持久化操作。
- 数据访问层（UserDAO）：负责与数据库进行通信，执行 CRUD 操作，将数据持久化到数据库中。

该流程的主要步骤如下。

（1）表示层收到客户端的登录请求（login(user)）。

（2）服务层收到请求并调用用户 DAO（UserDAO），根据用户名获取用户对象（get_by_username(user.username)）。

（3）数据访问层进行操作后返回 User 对象或 None。

（4）服务层判断 User 对象是否存在。

（5）如果 User 对象存在，服务层调用 UserDAO 检查用户名和密码（check_password(user.password)）。

（6）数据访问层进行操作后，返回 True 或 False 检查用户名和密码是否匹配。

（7）如果密码匹配，表示层返回 HTTP 状态码 “200” 和 “Token” 来确认用户身份（Views→Views：返回 200 响应，设置 Token）。

（8）如果密码不匹配，表示层返回HTTP状态码“401”告诉客户端认证失败（Views → Views：返回401响应）。

（9）如果User对象不存在，表示层同样返回HTTP状态码“401”告诉客户端认证失败（Views → Views：返回401响应）。

重点

注意，ChatGPT生成的时序图可能存在误差或不足之处，只能作为参考。在实际的开发过程中，需要根据具体的业务需求和系统需求，结合实际情况设计和绘制合理的时序图。同时，也需要注意时序图的复杂性，尽可能避免出现过于复杂或难以理解的时序图。

2. 按照商品类别查询商品

动手示例

我们向ChatGPT发送如下请求消息。

采用Python fastAPI框架，请按照三层架构，即表示层（FastAPI路由）、服务层（ProductManagementService）、数据访问层（ProductDAO），绘制按照商品类别查询商品时序图，返回PlumUML代码。

指令执行后，ChatGPT的回答如下。

这里是FastAPI框架下，三层架构用户登录时序图：

```
@startuml
participant "表示层(FastAPI路由)" as Views
participant "服务层(ProductManagementService)" as Service
participant "数据访问层(ProductDAO)" as DAO

Views -> Service : get_products_by_category(category_id)
activate Service

Service -> DAO : get_by_category(category_id)
activate DAO
DAO --> Service : 返回Product对象列表或空列表
deactivate DAO

alt Product对象列表不为空
    Service --> Views : 返回200响应,{products: 产品列表}
```

```
else Product对象列表为空
    Service --> Views : 返回 404 响应
end
deactivate Service

@enduml
```

复制上面的PlantUML代码，保存后预览导出时序图，如图 10-13 所示。

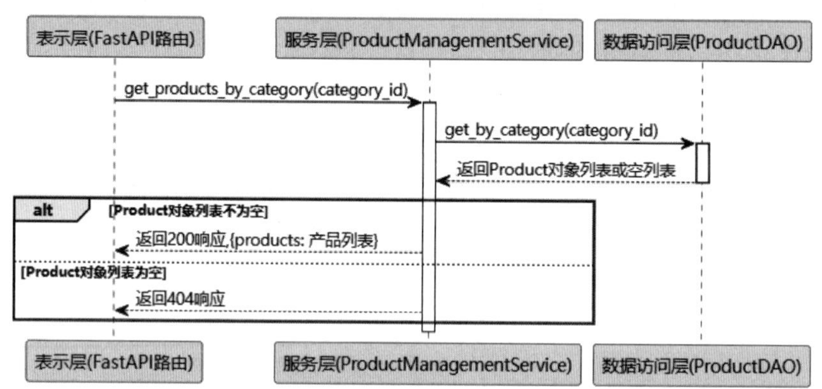

图 10-13　PetStore宠物商店项目按照商品类别查询商品时序图

在图 10-13 所示的时序图中，该流程涉及以下参与者。

- 表示层（FastAPI路由）：处理HTTP（S）请求和响应，即处理客户端和服务器之间的通信。
- 服务层（ProductManagementService）：处理商店的业务逻辑，使用数据访问层执行持久化操作。
- 数据访问层（ProductDAO）：负责与数据库进行通信，执行CRUD操作，将数据持久化到数据库中。

该流程的主要步骤如下。

（1）表示层(FastAPI路由)收到客户端的请求（get_products_by_category(category_id)）。

（2）服务层(ProductManagementService)收到请求并调用产品DAO（ProductDAO），获取符合指定类别的产品（get_by_category(category_id)）。

（3）数据访问层（ProductDAO）进行操作后返回符合条件的Product对象列表或空列表。

（4）服务层（ProductManagementService）判断Product对象列表是否为空。

（5）如果Product对象列表不为空，服务层将Product对象列表和HTTP状态代码“200”一起发送给表示层（FastAPI路由），表示成功执行HTTP请求（返回 200 响应，{products: 产品列表}）。

（6）如果Product对象列表为空，服务层将HTTP状态代码“404”一起发送给表示层（FastAPI路由），表示找不到产品（返回 404 响应）。

3. 支付订单

我们向ChatGPT发送如下请求消息。

采用Python FastAPI框架，请按照三层架构，即表示层（FastAPI路由）、服务层（OrderService）、数据访问层（ProductDAO、OrderDAO、OrderItemDAO），绘制支付订单时序图，返回PlumUML代码。

指令执行后，ChatGPT的回答如下。

这里是FastAPI框架下，三层架构用户登录时序图：

```
@startuml
participant "表示层(FastAPI路由)" as Views
participant "服务层(OrderService)" as Service
participant "数据访问层(ProductDAO)" as ProductDAO
participant "数据访问层(OrderDAO)" as OrderDAO
participant "数据访问层(OrderItemDAO)" as OrderItemDAO

Views -> Service : pay_order(order_id)
activate Service

Service -> OrderDAO : get_by_id(order_id)
activate OrderDAO
OrderDAO --> Service : 返回Order对象
deactivate OrderDAO

Service -> ProductDAO : placeOrder(order_item.product_id, order_item.
quantity)
activate ProductDAO
ProductDAO --> Service
deactivate ProductDAO

loop 订单中的每一项
    Service -> OrderItemDAO : update(order_item_id, paid=True)
    activate OrderItemDAO
    OrderItemDAO --> Service
    deactivate OrderItemDAO
end loop
```

```
Service -> OrderDAO : update(order_id, paid=True)
activate OrderDAO
OrderDAO --> Service
deactivate OrderDAO

Service --> Views : 返回 200 响应

deactivate Service
@enduml
```

复制上面的PlantUML代码，保存后预览导出时序图，如图 10-14 所示。

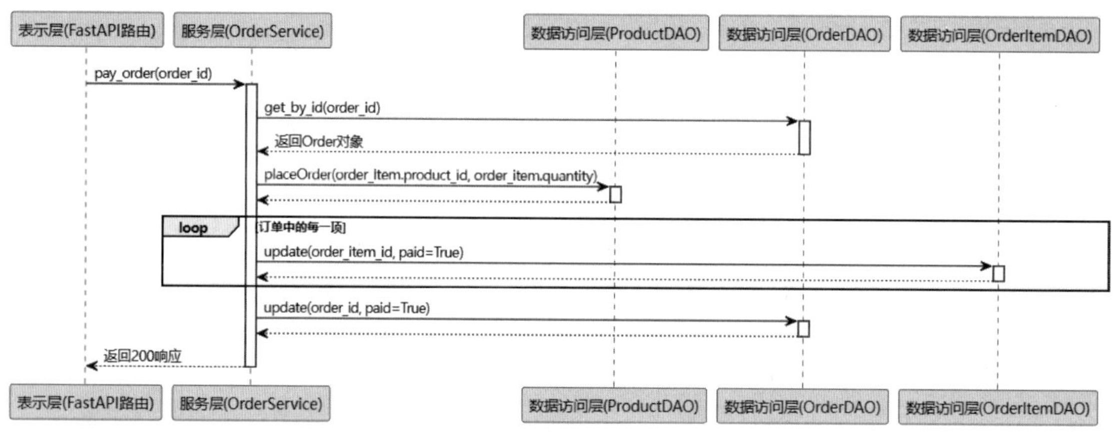

图 10-14 PetStore宠物商店项目支付订单场景时序图

图 10-14 所示的时序图描述了在线商店支付订单的流程，该流程涉及以下参与者。

- 表示层（FastAPI路由）：处理HTTP（S）请求和响应，即处理客户端和服务器之间的通信。
- 服务层（OrderService）：处理商店的业务逻辑，使用数据访问层执行持久化操作。
- 数据访问层（ProductDAO、OrderDAO、OrderItemDAO）：负责与数据库进行通信，执行CRUD操作，将数据持久化到数据库中。

该流程的主要步骤如下。

（1）表示层收到客户端的支付订单请求（pay_order(order_id)）。

（2）服务层收到请求并获取与订单ID对应的订单对象（Get by id）。

（3）服务层遍历订单对象中的每个订单项（loop 订单中的每一项）。

（4）对于每个订单项，服务层调用产品DAO（ProductDAO）进行库存更新（placeOrder），确保产品有足够的库存。

（5）服务层调用订单项DAO（OrderItemDAO）将订单项更新为已支付（update(order_item_id, paid=True)）。

（6）订单项更新完成后，服务层将订单更新为已支付（update(order_id, paid=True)）。

10.6 数据库设计

数据库设计过程中需要建立 3 个模型：概念建模、逻辑建模和物理模型。概念建模的依据是实体和实体关系，然后由该概念模型转换为逻辑模型，再然后由概念模型转换为物理模型。

10.6.1 概念建模

下面我们先了介绍如何使用ChatGPT辅助进行概念建模。

动手示例

我们向ChatGPT发送如下请求消息。

有如下实体，帮我使用PlantUML语言数据库概念建模。

（1）用户（User）：用于存储用户的登录名、密码、邮箱、手机号等相关信息。

（2）商品分类（Category）：用于存储商品分类的相关信息。

（3）商品（Product）：用于存储商品的相关信息，包括商品名称、描述、价格、相关图片。

（4）购物车（Cart）：用于存储用户添加到购物车中的商品及其数量。

（5）订单（Order）：用于存储用户的订单信息，包括订单号、用户、收货人用户、电话、收货地址、总价。

（6）订单项（OrderItem）：用于存储订单中的商品信息，包括商品名称、数量、单价。

指令执行后，ChatGPT的回答如下。

以下是使用PlantUML语言的数据库概念建模：

```
@startuml
!define Table(name,desc) class name as "desc" << (T,#FFAAAA) >>
!define primary_key(x) <b><u>x</u></b>

Table(User, 用户){
  <<PK>> userId: int
  loginName: string
  password: string
  email: string
  phoneNumber: string
}

Table(Category, 商品分类){
  <<PK>> categoryId: int
```

```
    categoryName: string
    description: string
  }

  Table(Product, 商品){
    <<PK>> productId: int
    productName: string
    description: string
    price: decimal
  }

  Table(Cart, 购物车){
    <<PK>> cartId: int
    <<FK>> userId: int
  }

  Table(Order, 订单){
    <<PK>> orderId: int
    <<FK>> userId: int
    receiverName: string
    receiverPhone: string
    receiverAddress: string
    totalPrice: decimal
  }

  Table(OrderItem, 订单项){
    <<PK>> orderItemId: int
    <<FK>> orderId: int
    <<FK>> productId: int
    productName: string
    quantity: int
    unitPrice: decimal
  }

  User "1" -- "0..*" Cart
  User "1" -- "0..*" Order
  Product "1" -- "0..*" OrderItem
  Category "1" -- "0..*" Product
  @enduml
```

复制上面的PlantUML代码，保存后预览导出概念模型，如图 10-15 所示。

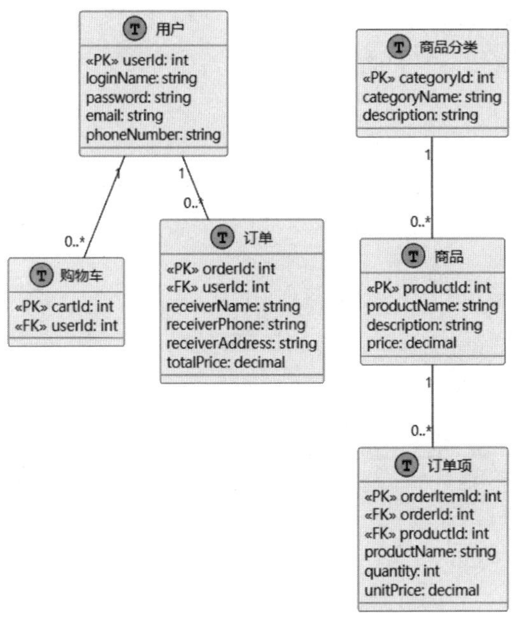

图 10-15　PetStore 项目概念模型

10.6.2 逻辑建模

概念建模完成之后，就可以进行逻辑建模了，下面介绍如何使用ChatGPT辅助进行逻辑建模。

我们向ChatGPT发送如下请求消息。

有如下实体，帮我使用PlantUML语言数据库逻辑建模。

（1）用户（User）：用于存储用户的登录名、密码、邮箱、手机号等相关信息。

（2）商品分类（Category）：用于存储商品分类的相关信息。

（3）商品（Product）：用于存储商品的相关信息，包括商品名称、描述、价格、相关图片。

（4）购物车（Cart）：用于存储用户添加到购物车中的商品及其数量。

（5）订单（Order）：用于存储用户的订单信息，包括订单号、用户、收货人用户、电话、收货地址、总价。

（6）订单项（OrderItem）：用于存储订单中的商品信息，包括商品名称、数量、单价。

指令执行后，ChatGPT的回答如下。

以下是使用PlantUML语言的数据库逻辑建模：

```
@startuml
```

```
!define Table(name,desc) class name as "desc" << (T,#FFAAAA) >>
!define primary_key(x) <b><u>x</u></b>

Table(User, 用户){
  <<PK>> userId: int
  loginName: string
  password: string
  email: string
  phoneNumber: string
}

Table(Category, 商品分类){
  <<PK>> categoryId: int
  categoryName: string
  description: string
}

Table(Product, 商品){
  <<PK>> productId: int
  productName: string
  description: string
  price: decimal
  <<FK>> categoryId: int
}

Table(Cart, 购物车){
  <<PK>> cartId: int
  <<FK>> userId: int
}

Table(Order, 订单){
  <<PK>> orderId: int
  <<FK>> userId: int
  receiverName: string
  receiverPhone: string
  receiverAddress: string
  totalPrice: decimal
}

Table(OrderItem, 订单项){
  <<PK>> orderItemId: int
```

```
  <<FK>> orderId: int
  <<FK>> productId: int
  productName: string
  quantity: int
  unitPrice: decimal
}

User "1" -- "0..*" Cart
User "1" -- "0..*" Order
Product "1" -- "0..*" OrderItem
Category "1" -- "0..*" Product

Cart "1" -- "0..*" Product

@enduml
```

复制上面的PlantUML代码，保存后预览导出逻辑模型，如图 10-16 所示。

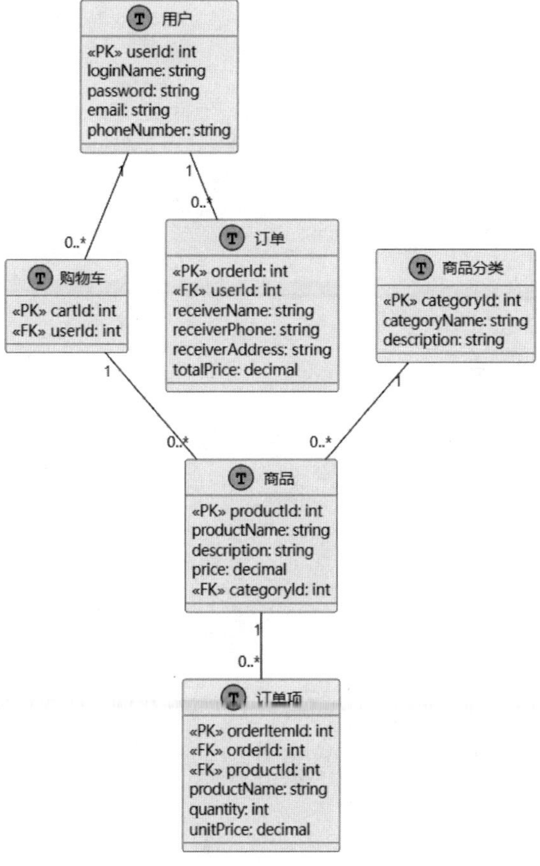

图 10-16　PetStore 项目逻辑模型

10.6.3 物理建模

逻辑建模完成之后，就可以进行物理建模了，下面介绍如何使用ChatGPT辅助进行物理建模。

动手示例

我们向ChatGPT发送如下请求消息。

有如下逻辑模型，帮我使用PlantUML语言，建构数据库（MySQL）的物理模型。

```
@startuml
!define Table(name,desc) class name as "desc" << (T,#FFAAAA) >>
!define primary_key(x) <b><u>x</u></b>
Table(User, 用户){
  <<PK>> userId: int
  loginName: string
  password: string
  email: string
  phoneNumber: string
}
Table(Category, 商品分类){
  <<PK>> categoryId: int
  categoryName: string
  description: string
}
Table(Product, 商品){
  <<PK>> productId: int
  productName: string
  description: string
  price: decimal
  <<FK>> categoryId: int
}
Table(Cart, 购物车){
  <<PK>> cartId: int
  <<FK>> userId: int
}
Table(Order, 订单){
  <<PK>> orderId: int
  <<FK>> userId: int
  receiverName: string
  receiverPhone: string
  receiverAddress: string
```

```
  totalPrice: decimal
}
Table(OrderItem, 订单项){
  <<PK>> orderItemId: int
  <<FK>> orderId: int
  <<FK>> productId: int
  productName: string
  quantity: int
  unitPrice: decimal
}
User "1" -- "0..*" Cart
User "1" -- "0..*" Order
Product "1" -- "0..*" OrderItem
Category "1" -- "0..*" Product
Cart "1" -- "0..*" Product
@enduml
User "1" -- "0..*" Cart
User "1" -- "0..*" Order
Product "1" -- "0..*" OrderItem
Category "1" -- "0..*" Product
@enduml
```

指令执行后，ChatGPT的回答如下。

以下是使用PlantUML语言的数据库物理建模：

```
@startuml
class User as "用户" << (T,#FFAAAA) >> {
<<PK>>userId
loginName
password
email
phoneNumber
}

class Product as "商品" << (T,#FFAAAA) >>  {
<<PK>> productId
productName
description
price
}
```

```
class Product as "商品" << (T,#FFAAAA) >>  {
  <<PK>> productId
  productName
  description
  price
}
class Category as "商品分类" << (T,#FFAAAA) >>{
<<PK>> categoryId
categoryName
description
}

class Cart as "购物车" << (T,#FFAAAA) >>{
<<PK>> cartId
<<FK>> userId
}

class Order as "订单" << (T,#FFAAAA) >>  {
  <<PK>> orderId
  <<FK>> userId
  receiverName
  receiverPhone
  receiverAddress
  totalPrice
}

class Order as "订单" << (T,#FFAAAA) >>  {
<<PK>> orderId
<<FK>> userId
receiverName
receiverPhone
receiverAddress
totalPrice
}
class OrderItem as "订单项" << (T,#FFAAAA) >> {
<<PK>> orderItemId
<<FK>> orderId
<<FK>> productId
productName
quantity
unitPrice
```

```
}

User "1" -- "0..*" Order
Product "1" -- "0..*" OrderItem

Order "1" -- "0..*" OrderItem
User }-- "0..*" Cart

@enduml
```

复制上面的PlantUML代码，保存后预览导出物理模型，如图 10-17 所示。

重点

需要注意的是，由于购物车数据只在内存(如Session)中保存，不需要持久化到数据库中。因此，在物理模型中需要移除购物车表。另外，商品分类也可以合并到商品表中作为一个字段，优化多个字段后重新绘制物理模型，如图 10-18 所示。

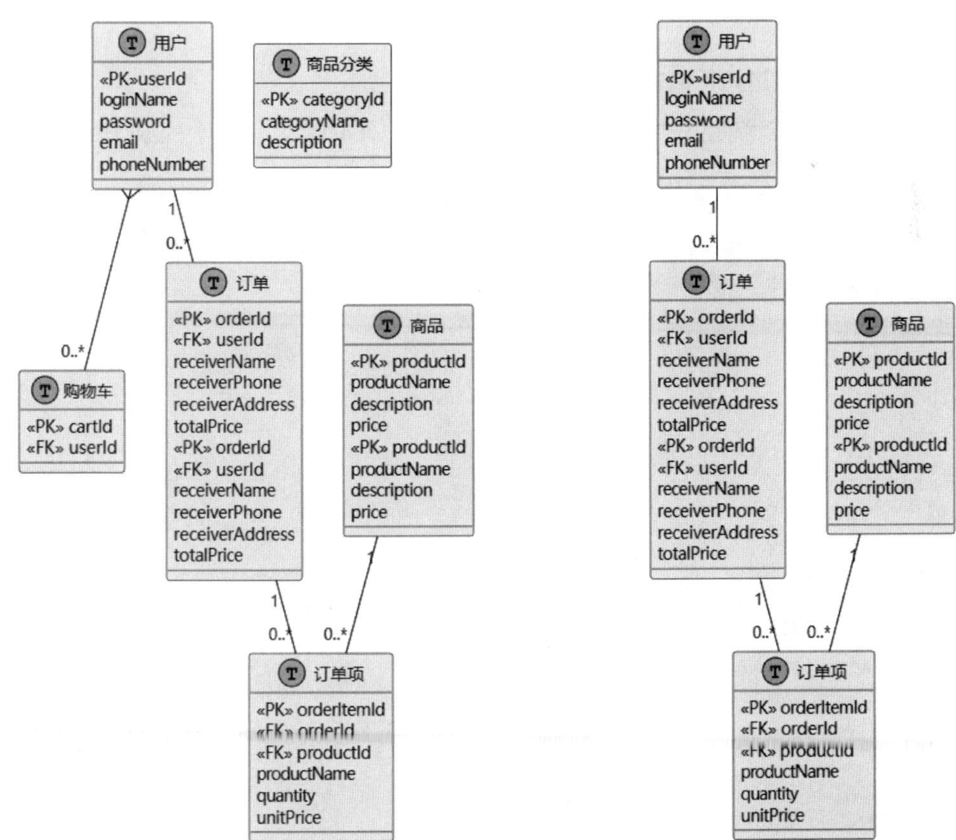

图 10-17　PetStore 项目物理模型　　　　图 10-18　优化后的 PetStore 项目物理模型

10.7 使用ChatGPT辅助编码实现

经过之前的设计过程，就可以进行编码实现了，如果使用ChatGPT辅助编码实现，应坚持“自顶而下，从粗到细”的原则。

10.7.1 构建数据库

基于分层架构实现的软件系统，在开发时应该坚持从底层向高层开发的原则，这类似于盖一栋大楼，先要打地基，然后是一楼，再然后是二楼，以此类推。开发软件系统也是如此，数据库就是地基，数据访问层就是一楼，服务层就是二楼，表示层则是三楼。

下面先来构建数据库。

1. 生成 DDL 脚本

有了物理模型之后，让ChatGPT根据物理模型生成DDL脚本。

动手示例

我们向ChatGPT发送如下请求消息。

根据PetStore项目物理模型生成基于MySQL数据库的DDL脚本，数据库名为“petstore”。

```
@startuml
!define Table(name,desc) class name as "desc" << (T,#FFAAAA) >>
!define primary_key(x) <b><u>x</u></b>
Table(User, 用户){
  <<PK>> userId: int
  loginName: string
  password: string
  email: string
  phone: string
}
Table(Product, 商品){
  <<PK>> productId: int
  productName: string
  description: string
  price: decimal
}
Table(Order, 订单){
  <<PK>> orderId: int
  <<FK>> userId: int
  name: string
```

```
  phone: string
  address: string
  totalPrice: decimal
}
Table(OrderItem, 订单项){
  <<PK>> orderItemId: int
  <<FK>> orderId: int
  <<FK>> productId: int
  productName: string
  quantity: int
  unitPrice: decimal
}
User "1" -- "0..*" Order
Product "1" -- "0..*" OrderItem
User "userId" *-- "orderId" Order : 下单
Order "orderId" *-- "orderItemId" OrderItem : 包含
Product "productId" *-- "orderItemId" OrderItem : 选购
@enduml
```

指令执行后，ChatGPT的回答如下。

以下是根据PetStore项目物理模型生成DDL脚本的示例：

```
CREATE DATABASE petstore;

USE petstore;

CREATE TABLE User (
  userId INT NOT NULL AUTO_INCREMENT,
  username VARCHAR(50) NOT NULL,
  password VARCHAR(50) NOT NULL,
  email VARCHAR(255) NOT NULL,
  phone VARCHAR(20) NOT NULL,
  PRIMARY KEY (userId)
);

CREATE TABLE Product (
  productId INT NOT NULL AUTO_INCREMENT,
  name VARCHAR(255) NOT NULL,
  category VARCHAR(255) NOT NULL,
  description VARCHAR(255) NOT NULL,
```

```
    price DECIMAL(10,2) NOT NULL,
    image VARCHAR(255) NOT NULL,
    PRIMARY KEY (productId)
);

CREATE TABLE 'Order' (
    orderId INT NOT NULL AUTO_INCREMENT,
    userId INT NOT NULL,
    address VARCHAR(255) NOT NULL,
    totalPrice DECIMAL(10,2) NOT NULL,
    phone VARCHAR(20) NOT NULL,
    name VARCHAR(50) NOT NULL,
    PRIMARY KEY (orderId),
    FOREIGN KEY (userId) REFERENCES User(userId)
);

CREATE TABLE OrderItem (
    orderItemId INT NOT NULL AUTO_INCREMENT,
    orderId INT NOT NULL,
    productId INT NOT NULL,
    quantity INT NOT NULL,
    price DECIMAL(10,2) NOT NULL,
    PRIMARY KEY (orderItemId),
    FOREIGN KEY (orderId) REFERENCES 'Order'(orderId),
    FOREIGN KEY (productId) REFERENCES Product(productId)
);
```

复制上面的SQL代码，保存为petstore.ddl文件，以备以后使用。

2. 执行 DDL 脚本

在上一步骤生成了DDL脚本（petstore.ddl文件）之后，在MySQL数据库中执行该DDL脚本文件，执行过程不再赘述，执行成功后会在数据库中创建petstore库及4个表，如图10-19所示。

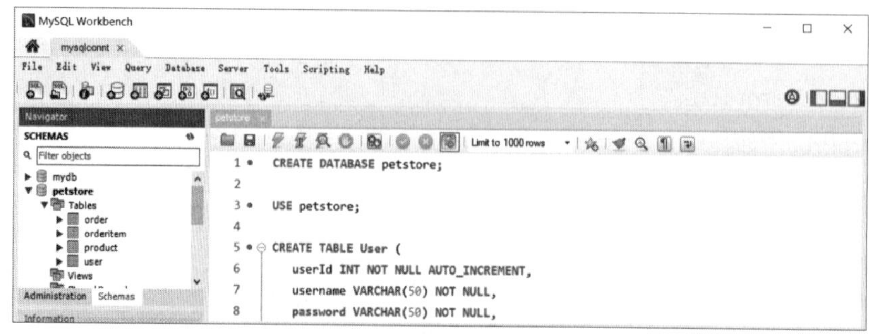

图 10-19　创建数据库成功

3. 插入测试数据

由于本书篇幅有限，没有实现用户管理和商品管理功能，所以用户数据和商品数据是预先插入的。首先，可以用ChatGPT帮助我们生成用户数据。

动手示例

我们向ChatGPT发送如下请求消息。

有如下表结构，请帮我生成 3 条测试数据。

```
CREATE TABLE User (
  userId INT NOT NULL AUTO_INCREMENT,
  username VARCHAR(50) NOT NULL,
  password VARCHAR(50) NOT NULL,
  email VARCHAR(255) NOT NULL,
  phone VARCHAR(20) NOT NULL,
  PRIMARY KEY (userId)
);
```

指令执行后，ChatGPT的回答如下。

```
INSERT INTO user (username, password, email, phone) VALUES ('John', 'password123', 'john@example.com', '1345678901');
INSERT INTO user (username, password, email, phone) VALUES ('Sarah', 'mypassword', 'sarah@example.com', '18712345678');
INSERT INTO user (username, password, email, phone) VALUES ('Emily', 'supersecret', 'emily@example.com', '15688889999');
```

使用类似方法生成商品数据，具体过程不再赘述。最后将生成的数据SQL语句导入数据库里执行。

10.7.2 创建项目PetStore宠物商店项目

本项目推荐使用PyCharm IDE工具创建项目。

首先使用PyCharm IDE工具创建项目PetStoreProj，如图 10-20 所示，具体步骤不再赘述。

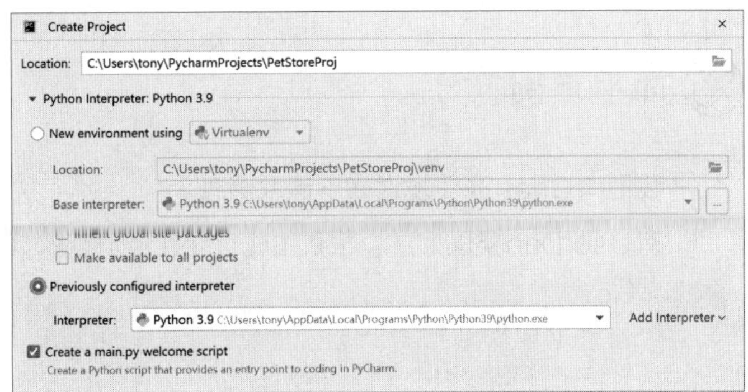

图 10-20　使用 PyCharm 创建 PetStoreProj 项目

10.7.3 使用ChatGPT辅助实现数据访问层

本节介绍使用ChatGPT辅助实现据数据访问层。

1. 编写 DAO 基类

从类图 10-11 可以看出，数据访问主要由DAO构成，DAO类都继承自BaseDao类，利用BaseDao类进行封装可以实现建立数据库连接等一些基本操作。

BaseDao代码如下。

```
from sqlalchemy import create_engine
from sqlalchemy.orm import sessionmaker

class BaseDao:
    def __init__(self):
        db_uri = 'mysql+pymysql://root:12345@localhost:3306/petstore'
        engine = create_engine(db_uri)
        Session = sessionmaker(bind=engine)
        self.session = Session()
```

有关代码这里不再解释。

2. 编写用户管理模块

用户管理模块(UserDao.py)，在用户管理模块中包含:(1)UserDao类定义，其中主要包含CRUD操作函数;(2)基于SQLAlchemy框架的数据模型。

用户管理DAO(UserDao)是用来对用户表进行CRUD操作的。

重点

在使用SQLAlchemy进行ORM操作时，可以通过数据模型来进行表的映射。SQLAlchemy会自动将数据模型转换为对应的SQL语句，并将数据库中的数据与数据模型进行映射。可以通过对数据模型进行操作来对数据库进行增删改查等操作，SQLAlchemy会自动将操作转换为对应的SQL语句执行。

因此可以先让ChatGPT帮助我们生成基本的DAO程序框架。

动手示例

我们向ChatGPT发送如下请求消息。

有UserDao类图如下，帮我生成UserDao代码，使用Python语言描述。

```
class UserDao extends BaseDao{
    +insert_user(user: User)
```

```
    +update_user(user: User)
    +delete_user(user: User)
    +select_user()
}
```

指令执行后，ChatGPT的回答如下。

```python
class UserDao(BaseDao):
    def insert_user(self, user):
        # Implementation code here
        pass

    def update_user(self, user):
        # Implementation code here
        pass

    def delete_user(self, user):
        # Implementation code here
        pass

    def select_user(self):
        # Implementation code here
        pass
```

将生成的代码保存为UserDao.py文件，并置于DAO包中，具体过程不再赘述。

生成基本的框架代码后，再让ChatGPT帮助我们生成User数据模型。

动手示例

我们向ChatGPT发送如下请求消息。

有创建User表的SQL语句，帮我生成基于SQLAlchemy框架的User数据模型。

```sql
CREATE TABLE User (
  userId INT NOT NULL AUTO_INCREMENT,
  username VARCHAR(50) NOT NULL,
  password VARCHAR(50) NOT NULL,
  email VARCHAR(255) NOT NULL,
  phone VARCHAR(20) NOT NULL,
  PRIMARY KEY (userId)
);
```

指令执行后，ChatGPT的回答如下。

```
from sqlalchemy import Column, Integer, String
from sqlalchemy.ext.declarative import declarative_base

Base = declarative_base()

class User(Base):
    __tablename__ = "User"
    userId = Column(Integer, primary_key=True, autoincrement=True)
    username = Column(String(50), nullable=False)
    password = Column(String(50), nullable=False)
    email = Column(String(255), nullable=False)
    phone = Column(String(20), nullable=False)
```

将上面生成的User数据模型代码粘贴到UserDao.py中，然后读者需编写每一个CRUD 函数，具体过程不再赘述。

3. 编写商品管理模块

商品管理模块（ProductDao.py），是用来对商品表进行CRUD操作的，具体实现过程可以参考用户管理DAO。

4. 编写订单管理 DAO

订单管理模块（OrderDAO.py），是用来对订单表进行CRUD操作的，具体实现过程可以参考用户管理DAO。

5. 编写订单项管理 DAO

订单项管理模块（OrderItemDAO.py），是用来对订单项表进行CRUD操作的，具体实现过程可以参考用户管理DAO。

10.7.4 使用ChatGPT辅助实现服务层

服务层比较复杂，可以让ChatGPT参考图 10-10 所示的服务层类图生成基本的程序框架代码，然后我们再进行细化。

1. 编写用户服务模块

用户服务模块（UserService.py），使用ChatGPT辅助生成基本框架代码。

动手示例

我们向ChatGPT发送如下请求消息。

有UserService类图如下，帮我生成UserService代码，使用Python语言描述。

```
class UserService {
    + login(username, password)
    + register(user)
    + updateUser(user)
}
```

指令执行后，ChatGPT 的回答如下。

```python
from models import User

class UserService:
    def login(self, username, password):
        # 实现登录逻辑
        pass

    def register(self, user):
        # 实现注册逻辑
        pass

    def updateUser(self, user):
        # 实现更新用户信息逻辑
        pass
```

将上面生成的代码粘贴到UserService.py中，然后需要逐一实现每一个函数，在这些函数中可根据具体的业务流程，调用数据访问层实现业务逻辑。

如下代码是笔者实现的登录验证函数（login）。

```python
import re
from validate_email import validate_email
from dao.UserDao import UserDao

class UserService:

    def __init__(self):
        self.userDao = UserDao()

    def login(self, username, password):
        """
        描述：用户登录

        参数：
        - username: string，用户名
```

```
        - password: string, 密码

        返回值:
        - bool, 是否登录成功
        """

        #  验证 11 位手机号码的正则表达式
        phone_re = re.compile(r'^\d{11}$')
        is_phone = phone_re.search(username)

        user = None
        if is_phone:
            print('11 位手机号码 ')
            user = self.userDao.select_user_by_phone(username)
        elif validate_email(username):
            print(username + ' 有效的电子邮箱 ')
            user = self.userDao.select_user_by_email(username)

        if user:
            # 验证密码是密码是否一致
            if user.password == password:
                return user
            else:
                return None

    def register(self, user):
        """
        描述: 用户注册

        参数:
        - user: dict, 用户信息, 包括
          - username: string, 用户名
          - password: string, 密码
          - email: string, 电子邮件地址
          - mobile: string, 手机号码

        返回值:
        - bool, 是否注册成功
        """
        # TODO: 实现注册逻辑
```

```
    def updateUser(self, user):
        """
        描述：更新用户信息

        参数：
        - user: dict，用户信息，包括
          - user_id: int，用户 ID
          - username: string，用户名
          - password: string，密码
          - email: string，电子邮件地址
          - mobile: string，手机号码

        返回值：
        - bool，是否更新成功
        """
        # TODO: 实现更新逻辑
```

上面代码只是一个参考，其他方法需要读者自己实现，完整的代码读者可以在本书配套代码中找到。

2. 编写产品服务模块

产品服务模块（ProductService.py），参考用户服务模块生成基本的框架代码，然后根据具体的业务逐一实现每一个函数。

3. 编写订单服务模块

订单服务模块（OrderService.py），参考用户服务模块生成基本的框架代码，然后根据具体的业务逐一实现每一个函数。

10.7.5 使用ChatGPT辅助实现表示层

基于FastAPI框架实现的表示层，主要包含以下两部分内容。

- HTML模板：用于生成动态网页内容和布局。
- 路由与视图函数（简称路由函数）：路由用于将HTTP请求路径映射到相应的视图函数。视图函数内部实现请求处理逻辑，从服务层获取数据。

实现HTML模板比较简单，因为之前制作了基于HTML的原型页面，这里只需要修改原型页面即可。

而路由函数比较麻烦，下面重点介绍使用ChatGPT辅助路由函数。

1. 入口模块 app

路由函数通常是在入口模块app中编写的，入口模块是指整个FastAPI应用程序的主程序模块，通常命名为app.py，用于实现启动应用程序和定义路由等功能。

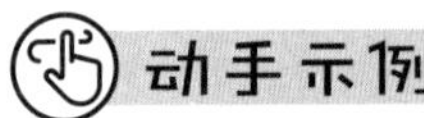

重点

如果系统功能较为简单，可以将所有模块和路由函数集中在一个文件中进行管理和维护。但如果系统功能比较复杂，建议采用模块化的方式进行开发，将路由函数分散到不同的模块中，以便于代码复用和维护。

首先让ChatGPT辅助生成入口模块的框架代码。

动手示例

我们向ChatGPT发送如下请求消息。

帮我生成基于FastAPI应用程序入口模块（app.py），并生成主要的路由函数。

指令执行后，ChatGPT的回答如下。

根据您的要求，下面是一个基于FastAPI应用程序的入口模块app.py和主要的路由函数示例：

```
from fastapi import FastAPI, HTTPException
from fastapi.responses import JSONResponse
from pydantic import BaseModel

app = FastAPI()

# 示例数据列表
items = []

class Item(BaseModel):
    id: int
    name: str
    price: float
    is_offer: bool = None

# 此示例接口用于获取所有示例数据
@app.get("/items/")
async def read_items():
    return items

# 此示例接口用于获取单个示例数据
@app.get("/items/{item_id}")
async def read_item(item_id: int):
    for item in items:
```

```
        if item.id == item_id:
            return item
    # 抛出异常
    raise HTTPException(status_code=404, detail="Item not found")

# 此示例接口用于创建新的示例数据
@app.post("/items/")
async def create_item(item: Item):
    items.append(item)
    return JSONResponse(content={"msg": "Item created successfully"},
                        status_code=201)

# 此示例接口用于更新示例数据
@app.put("/items/")
async def update_item(item: Item):
    for i in range(len(items)):
        if items[i].id == item.id:
            items[i] = item
            return JSONResponse(content={"msg": "Item updated
                                successfully"}, status_code=200)
    # 抛出异常
    raise HTTPException(status_code=404, detail="Item not found")

# 此示例接口用于删除示例数据
@app.delete("/items/{item_id}")
async def delete_item(item_id: int):
    for i in range(len(items)):
        if items[i].id == item_id:
            del items[i]
            return JSONResponse(content={"msg": "Item deleted successfully"},
                                status_code=200)
    # 抛出异常
    raise HTTPException(status_code=404, detail="Item not found")
```

上述代码只是基本代码框架，读者需要根据自己的情况添加路由函数。

下面通过如下几个页面实现介绍具体实现。

2. 首页实现

登录页面如图 10-21 所示。

图 10-21　首页

相关的路由函数代码如下。

```
# 进入首页
@app.get("/")
def index(request: Request):
    return templates.TemplateResponse("index.html", {"request": request})


# 进入登录页面
@app.get("/login")
def index(request: Request):
    return templates.TemplateResponse("login.html", {"request": request})
```

3. 登录页面实现

在首页单击“登录”超链接，进入如图 10-22 所示的登录页面。

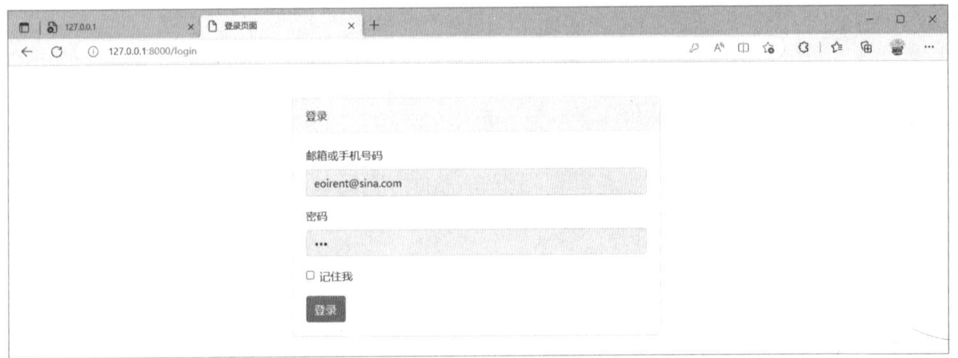

图 10-22　登录页面

相关的路由函数代码如下。

```
# 进入登录页面
@app.get("/login")
def index(request: Request):
    return templates.TemplateResponse("login.html", {"request": request})


class UserLogin(BaseModel):
    username: str
    password: str

@app.post("/login")
async def index(request: Request, user: UserLogin):
    # 调用我们的服务层类
    user_service = UserService()
    dbuser = user_service.login(user.username, user.password)

    if dbuser:
        print('登录成功')
        request.session['user_id'] = dbuser.userId
        return {"message": "success"}
    else:
        print('登录失败')
        return {"message": "failure"}
```

读者可以使用ChatGPT辅助生成一些其他局部代码，这里不再赘述。完整的代码，读者可以在本书配套代码中下载。

需要注意的是，ChatGPT 只是一个辅助工具，它可以提供一些提示和帮助，但是最终代码的实现还需要开发者根据自己的经验和技能进行编写和优化。在实际应用中，不应该依赖 ChatGPT 等工具来完成所有的编码工作，而应该充分发挥人类自身的创造力和思维能力，将 ChatGPT 作为一个有效的辅助工具来使用，以提高我们的开发效率。

10.8 本章总结

本章主要介绍了基于Python Web开发的PetStore宠物商店项目的设计和实现。首先进行了需求分析和页面原型设计，确定项目的功能和页面结构，然后进行了详细设计，包括实体类的识别和绘制、服务层和数据访问层的设计，以及时序图的绘制；接着进行了数据库设计，包括概念建模、逻辑建模和物理建模；最后使用ChatGPT辅助编码实现，包括数据库构建、创建项目、实现数据访问层、服务层和表示层等。通过本章的学习，我们能够了解一个项目从需求分析到实现的整个流程，加深了对Web开发和分层架构的理解，同时也提升了使用ChatGPT辅助编码实现的能力。

实战案例 2：使用 ChatGPT 辅助开发“我的备忘录”App

上一章介绍了如何使用ChatGPT辅助开发Web应用程序，而在本章中，将使用ChatGPT帮助我们开发移动App。

11.1 项目概述

“我的备忘录”App应用平台不仅包括iOS平台，还包括Android平台。它的核心功能是添加、删除和查询备忘录信息，这是一款非常实用的移动App。本章会介绍使用ChatGPT辅助开发基于Android平台的“我的备忘录”App应用程序。

“我的备忘录”App项目的主要功能包括以下几种。

- 增加备忘录。
- 删除备忘录。
- 查询备忘录。

11.2 需求分析

对“我的备忘录”App有一定了解之后，就可以让项目ChatGPT帮助我们进行需求分析。

动手示例

向ChatGPT发送如下请求消息。

“我的备忘录”App需求如下，帮助我进行确定系统功能。

增加备忘录、删除备忘录和查询备忘录。

ChatGPT的回答如下。

基于这些需求，我可以帮您确定以下系统功能。

（1）增加备忘录功能：用户可以在App中输入备忘录内容并保存。

（2）删除备忘录功能：用户可以选择要删除的备忘录并进行删除操作。

（3）查询备忘录功能：用户可以查看备忘录列表和具体备忘录的详细信息。

为了满足可视化的需求，我们会在确定需求之后绘制用例图。

动手示例

向ChatGPT发送如下请求消息。

“我的备忘录”App需求如下，帮助我绘制用例图返回PlantUML代码。

PetStore宠物商店项目的主要功能包括：
增加备忘录、删除备忘录和查询备忘录。

ChatGPT的回答如下。

以下是“我的备忘录”App用例图PlantUML代码：

```
@startuml
left to right direction
actor User
rectangle "备忘录App" {
  User --> (增加备忘录)
  User --> (删除备忘录)
  User --> (查询备忘录)
}
@enduml
```

将上面的PlantUML代码保存后，预览导出图片，如图 11-1 所示。

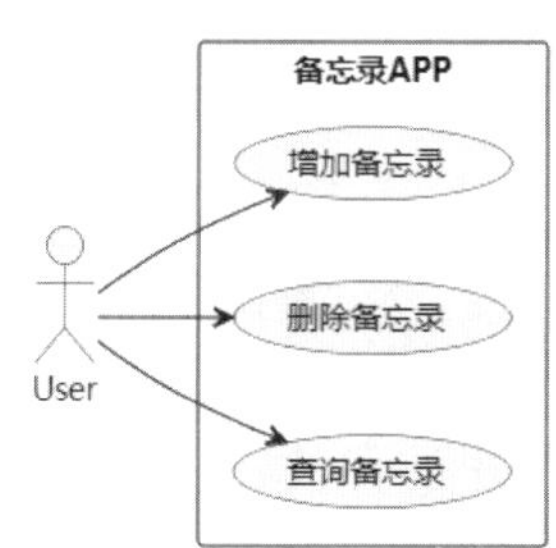

图 11-1 “我的备忘录”App用例图

11.3 页面原型设计

明确需求后，就可以进行原型设计了。

11.3.1 低保真原型草图

低保真原型草图是指通过简单的手绘或使用画图软件绘制的、较为简单和粗略的、只包含最基本内容和交互的页面草图。低保真原型草图通常不包含详细的设计细节和交互效果，仅用于梳理产品功能和页面流程，并确定产品的基本框架和交互方式。

低保真原型草图适用于产品早期的用户需求调研和验证阶段，因为它的制作成本低、修改简单快捷，能有效地让团队成员和用户了解与验证产品的基本功能和交互方式。同时，低保真原型草图

也可以作为高保真原型设计之前的参考，用于确定产品设计的方向和核心功能。

笔者团队的设计师针对不同的平台绘制了相应的设计原型草图，如图 11-2 所示、图 11-3 和图 11-4 所示。

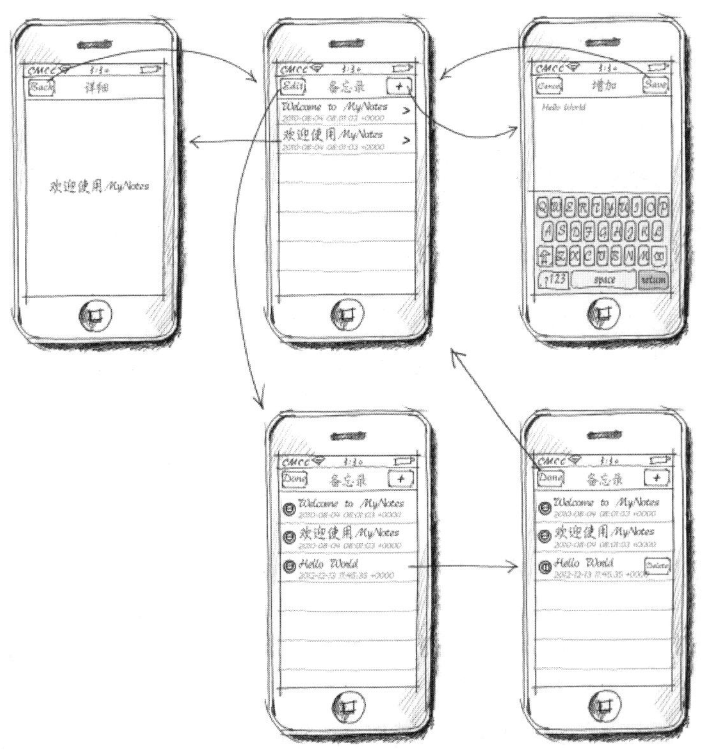

图 11-2　手机版“我的备忘录”App 设计原型草图

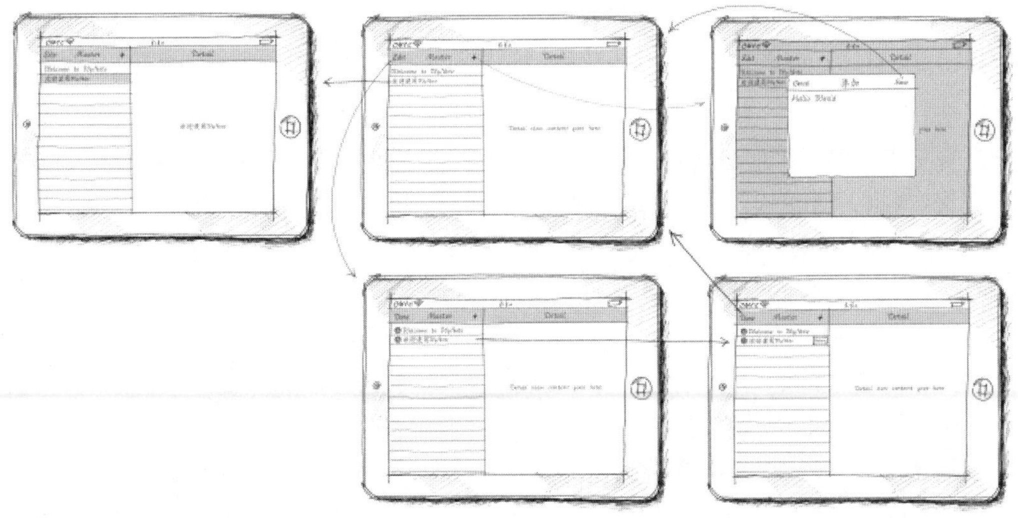

图 11-3　平板电脑版“我的备忘录”App 横屏设计原型草图

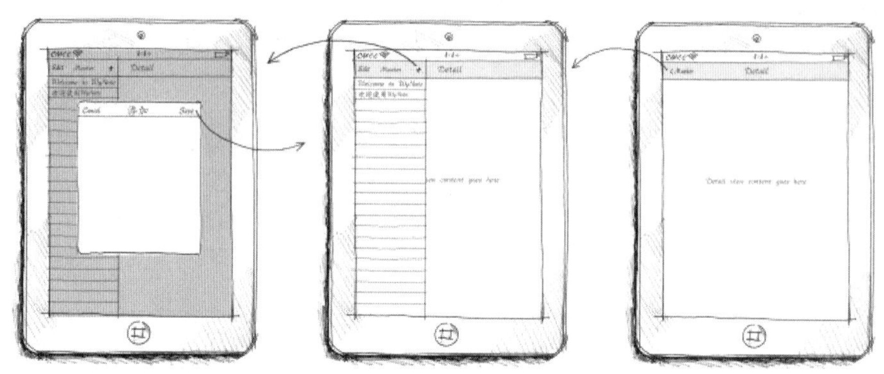

图 11-4　平板电脑版"我的备忘录"App竖屏设计原型草图

我们重点介绍手机原型，从图 11-2 所示的原型草图可以看出页面划分如下：

- 备忘录列表页面；
- 添加备忘录页面；
- 查看备忘录详细信息页面。

11.3.2 使用ChatGPT辅助设计高保真原型

高保真原型是在前期经过需求分析、用户界面设计和低保真原型阶段的基础上，使用专业的设计工具或前端开发技术（如HTML、CSS、JavaScript等），制作出外观、布局、交互等均与最终产品高度相似的、具有高度真实性的产品演示模型。高保真原型是用户体验设计过程中非常重要的一环，可以帮助设计团队更好地模拟用户界面、现实交互、调整详细内容和可视化元素结构、布局。

使用 ChatGPT 可以帮助设计师快速生成移动应用的各种元素，包括主屏幕、导航栏、按钮、输入框、图标等，同时还可以生成这些元素的样式和各种交互效果。这样可以节省设计师的时间和手动操作，使设计师将更多的时间和精力用于对原型进行调整和优化，以确保移动应用具有出色的用户体验。

针对移动平台原型设计，我们可以选择使用jQuery Mobile框架。jQuery Mobile是一款基于HTML、CSS和JavaScript的开源移动端UI框架，它的设计初衷是方便开发者创建移动Web应用。它提供了一些预先设计过的UI组件和方便的JavaScript插件，可用于快速构建移动端的交互界面。

jQuery Mobile的优点在于以下几个方面。

- 轻量级：不占用太多资源，加载速度快。
- 完整性：包含了很多UI组件和插件，方便开发者快速构建原型设计。
- 可定制性：提供了多种主题样式，可以根据实际需求进行定制。
- 跨平台支持：支持多种移动平台，包括iOS、Android、Windows Phone等。

使用jQuery Mobile可以让我们专注于原型设计本身而不用重复编写UI组件，提高开发效率。同时也可以较好地满足用户对移动应用的交互和视觉体验需求。

1. 备忘录列表页面

根据图 11-2 所示的原型草图，我们可以使用ChatGPT帮助设计和制作基于HTML页面的列表页面原型。

动手示例

向ChatGPT发送如下请求消息。

使用jQuery Mobile帮我绘制手机“我的备忘录”列表页面原型，页面中有一个列表，页面顶部是一个导航栏，导航中的左边是编辑按钮，右边是添加按钮。

ChatGPT的回答如下。

以下是一个示例代码，使用了jQuery Mobile框架，包含一个导航栏和一个备忘录列表：

```
<!DOCTYPE html>
<html>
<head>
  <title>我的备忘录</title>
  <meta name="viewport" content="width=device-width, initial-scale=1">
  <link rel="stylesheet" href="https://code.jquery.com/mobile/1.4.5/
       jquery.mobile-1.4.5.min.css">
  <script src="https://code.jquery.com/jquery-1.11.3.min.js"></script>
  <script src="https://code.jquery.com/mobile/1.4.5/jquery.mobile-
         1.4.5.min.js"></script>
</head>
<body>
  <!-- 导航栏 -->
  <div data-role="header">
    <!-- 编辑按钮 -->
    <a href="#" data-icon="edit" class="ui-btn-left">编辑</a>
    <h1>我的备忘录</h1>
    <!-- 添加按钮 -->
    <a href="#" data-icon="plus" class="ui-btn-right">添加</a>
  </div>

  <!-- 备忘录列表 -->
  <div role="main" class="ui-content">
    <ul data-role="listview" data-inset="true">
      <li><a href="#">备忘录 1</a></li>
      <li><a href="#">备忘录 2</a></li>
```

```
        <li><a href="#">备忘录 3</a></li>
      </ul>
    </div>
  </body>
</html>
```

复制上面的代码，将代码保存后，使用浏览器打开，结果如图 11-5 所示。

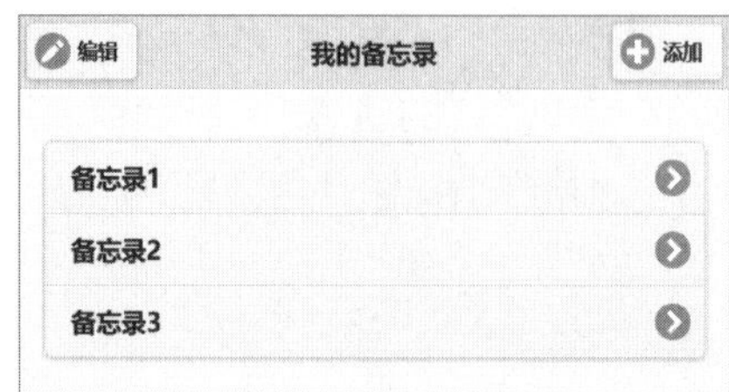

图 11-5　备忘录列表页面

2. 备忘录详细信息页面

根据图 11-2 所示的原型草图，我们可以使用ChatGPT帮助设计和制作基于HTML页面的详细信息页面原型。

动手示例

向ChatGPT发送如下请求消息。

使用jQuery Mobile帮我绘制手机“我的备忘录”详细信息页面原型，页面中有一个文本标签，页面顶部是一个导航栏，导航中的左边是返回按钮。

ChatGPT的回答如下。

以下是一个示例代码，使用了jQuery Mobile框架，包含一个导航栏和一个备忘录详细信息页面：

```
<!DOCTYPE html>
<html>
<head>
  <title>备忘录详情</title>
  <meta name="viewport" content="width=device-width, initial-scale=1">
  <link rel="stylesheet" href="https://code.jquery.com/mobile/1.4.5/
        jquery.mobile-1.4.5.min.css">
  <script src="https://code.jquery.com/jquery-1.11.3.min.js"></script>
  <script src="https://code.jquery.com/mobile/1.4.5/jquery.mobile-
          1.4.5.min.js"></script>
```

```
</head>
<body>
  <!-- 导航栏 -->
  <div data-role="header" data-position="fixed">
    <!-- 返回按钮 -->
    <a href="#" data-icon="back" class="ui-btn-left" onclick="history.
       back();">返回</a>
    <h1>备忘录详情</h1>
  </div>

  <!-- 备忘录详细信息页面 -->
  <div role="main" class="ui-content">
    <label for="memo">备忘录内容:</label>
    <p id="memo">今天是五一，祝大家节日快乐。</p>
  </div>
</body>
</html>
```

复制上面的代码，将代码保存后，使用浏览器打开，结果如图 11-6 所示。

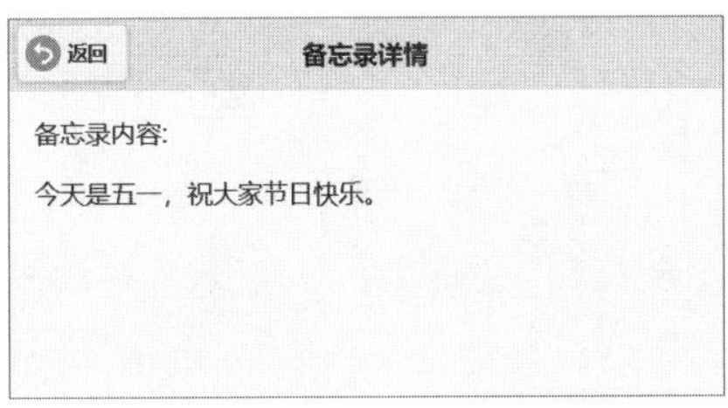

图 11-6　备忘录详细页面

3. 备忘录增加页面

根据图 11-2 所示的原型草图，我们可以使用ChatGPT帮助设计和制作基于HTML页面的增加页面原型。

动手示例

向ChatGPT发送如下请求消息。

使用jQuery Mobile帮我绘制手机“我的备忘录”备忘录增加页面原型，页面中有一个文本输入框，页面顶部是一个导航栏，导航中的左边是取消按钮，右边是保存按钮。

ChatGPT的回答如下。

以下是一个示例代码，使用了jQuery Mobile框架，包含一个导航栏和一个备忘录增加页面：

```
<!DOCTYPE html>
<html>
<head>
  <title>添加备忘录</title>
  <meta name="viewport" content="width=device-width, initial-scale=1">
  <link rel="stylesheet" href="https://code.jquery.com/mobile/1.4.5/
       jquery.mobile-1.4.5.min.css">
  <script src="https://code.jquery.com/jquery-1.11.3.min.js"></script>
  <script src="https://code.jquery.com/mobile/1.4.5/jquery.mobile-
         1.4.5.min.js"></script>
</head>
<body>
  <!-- 导航栏 -->
  <div data-role="header" data-position="fixed">
    <!-- 取消按钮 -->
    <a href="#" data-icon="back" class="ui-btn-left" onclick="history.
      back();">取消</a>
    <h1>添加备忘录</h1>
    <!-- 保存按钮 -->
    <a href="#" data-icon="check" class="ui-btn-right">保存</a>
  </div>

  <!-- 备忘录增加页面 -->
  <div role="main" class="ui-content">
    <form>
      <!-- 文本输入框 -->
      <label for="memo">备忘录内容:</label>
      <textarea name="memo" id="memo"></textarea>
    </form>
  </div>
</body>
</html>
```

复制上面的代码，将代码保存后，使用浏览器打开，结果如图 11-7 所示。

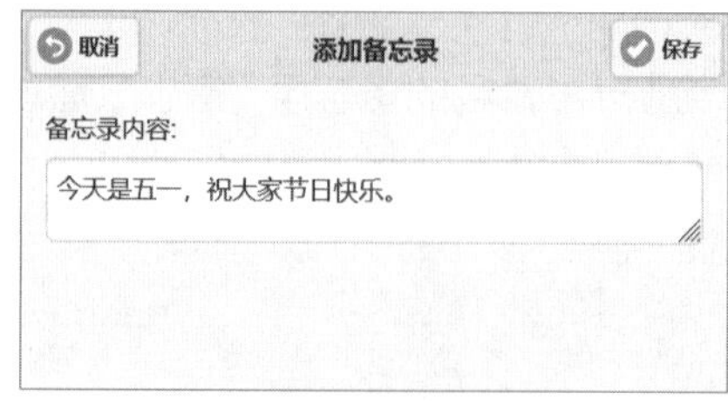

图 11-7　备忘录增加页面

11.4 详细设计

在详细设计过程中，通常使用类图来描述系统的静态结构，并使用时序图来描述系统的动态行为。

11.4.1 找出实体类

在设计静态结构时，首先要从系统需求中提取实体类，实体类也是后期数据库设计的基础。

动手示例

我们向 ChatGPT 发送如下请求消息。

以下是“我的备忘录”App 项目功能需求，请帮助找出实体。

“我的备忘录”App 项目的主要功能包括：增加备忘录、删除备忘录和查询备忘录。

指令执行后，ChatGPT 的回答如下。

根据您提供的“我的备忘录”App 项目功能需求，这里是我找到的主要实体。

备忘录：这是主要的实体，表示用户创建和存储的各个备忘项。它包含日期、ID 和内容等多个属性。

11.4.2 绘制实体类图

获得实体类后，就可以绘制实体类图了。

动手示例

我们向 ChatGPT 发送如下请求消息。

有如下实体类描述，帮我使用 PlantUML 语言绘制实体类图。

备忘录（Note）它包含：日期（date）、ID 和内容（content）3 个属性。

指令执行后，ChatGPT 的回答如下。

```
@startuml
class Note {
  -date: String
  -id: Int
  -content: String
```

```
    +Note()
    +Note(date: String, id: Int, content: String)
    +getDate(): String
    +setId(id: Int): void
    +getContent(): String
    +setContent(content: String): void
  }
  @enduml
```

复制上面的PlantUML代码，保存后预览导出图片，如图 11-8 所示。

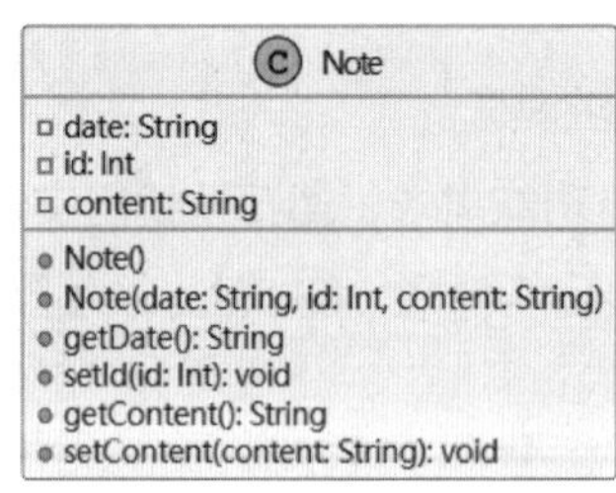

图 11-8 “我的备忘录”App 实体类图

11.4.3 物理建模

由于实体非常简单，我们将直接进行物理模型设计，而不需进入概念模型和逻辑模型的阶段。在进行数据库设计时，将跳过概念和逻辑模型的开发阶段，直接进入物理模型开发阶段。

下面介绍如何使用ChatGPT辅助进行物理建模。

动手示例

我们向ChatGPT发送如下请求消息。

有如下实体类描述，帮我使用PlantUML语言，数据库（SQLLite）的物理模型。

备忘录（Note）它包含：日期（date）、ID和内容（content）3 个属性。

指令执行后，ChatGPT的回答如下。

以下是使用PlantUML语言的数据库物理建模：

```
@startuml

class Note {
- date: date
```

```
- ID: int
- content: varchar(255)
}

@enduml
```

复制上面的PlantUML代码，保存后预览导出时序图，如图 11-9 所示。

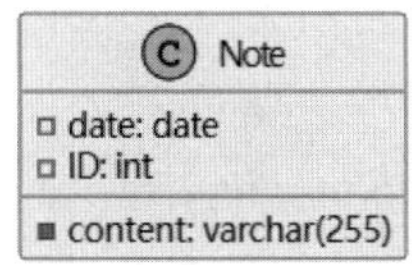

图 11-9 “我的备忘录”App 数据库物理建模

重 点

Android和iOS等移动平台使用的数据库是SQLite数据库，因此在向ChatGPT发送指令时需要指定SQLite数据库。

11.4.4 生成DDL脚本

有了物理模型之后，我们让ChatGPT根据物理模型生成DDL脚本。

动手示例

我们向ChatGPT发送如下请求消息。

根据“我的备忘录”App数据库物理建模生成基于SQLite数据库的DDL脚本。

```
@startuml
class Note {
- date: date
- ID: int
- content: varchar(255)
}
@enduml
```

指令执行后，ChatGPT的回答如下。

根据您提供的备忘录App数据库物理建模，以下是基于SQLite数据库的DDL脚本：

```
CREATE TABLE Note (
```

```
    date DATE,
    ID INTEGER PRIMARY KEY AUTOINCREMENT,
    content VARCHAR(255)
);
```

ChatGPT生成的代码只是一个粗略的DDL语句，细节还需要我们自己打磨。例如，我们希望日期字段内容自动插入系统时间，则可以修改DDL语句代码如下。

```
CREATE TABLE Note (
    date DATE DEFAULT CURRENT_TIMESTAMP,
    ID INTEGER PRIMARY KEY AUTOINCREMENT,
    content VARCHAR(255)
);
```

11.5 使用ChatGPT辅助编码实现

经过之前的设计过程，就可以进行编码实现了，如果使用ChatGPT辅助编码实现，应坚持“自顶而下，从粗到细”的原则。

11.5.1 创建Android Studio项目

首先使用Android Studio工具创建一个项目，项目名为MyNotes，具体步骤不再赘述。

11.5.2 使用ChatGPT实现备忘录列表功能

备忘录列表功能如图 11-10 所示。

图 11-10 “我的备忘录”App列表页面效果

Android应用开发涉及两个关键文件：(1)是布局文件，它是一个XML文件；(2)是屏幕文件，也就是Activity。要实现备忘录列表查询功能，需要在MainActivity中实现。在Android开发中，XML布局文件用于定义用户界面的布局，Activity则作为应用程序的一个屏幕，为用户提供交互式操作。

首先让ChatGPT生成Activity和对应布局文件。

动手示例

我们向ChatGPT发送如下请求消息。

帮我生成备忘录 1.列表页面(MainActivity)，它是一个ListView视图；2.布局activity_main.xml文件。

要求：采用Android的Activity技术，使用Java语言描述。

指令执行后，ChatGPT的回答如下。

以下是备忘录列表页面（MainActivity）的布局activity_main的XML文件和Java代码：

activity_main.xml：

```
<?xml version="1.0" encoding="utf-8"?>
<LinearLayout xmlns:android="http://schemas.android.com/apk/res/android"
   xmlns:tools="http://schemas.android.com/tools"
   android:layout_width="match_parent"
   android:layout_height="match_parent"
   android:orientation="vertical"
   tools:context=".MainActivity">

   <ListView
       android:id="@+id/notes_list"
       android:layout_width="match_parent"
       android:layout_height="match_parent" />

</LinearLayout>
```

MainActivity.java：

```
public class MainActivity extends AppCompatActivity {

   private ListView notesListView;

   @Override
   protected void onCreate(Bundle savedInstanceState) {
       super.onCreate(savedInstanceState);
       setContentView(R.layout.activity_main);

       notesListView = findViewById(R.id.notes_list);

       //TODO: 在此处为ListView添加适配器，以便显示备忘录列表
   }
}
```

有了屏幕文件（MainActivity）和布局文件，接下来就对它进行细化。可以从如下几个方面进行细化：

- 制作列表项布局文件；
- 添加note实体类；
- 编写管理SQLite数据库的帮助程序类DatabaseHelper。

下面就从这几个方面给大家介绍如何使用ChatGPT帮助编写实现列表功能。

1. 制作列表项布局文件

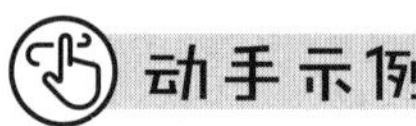

我们向ChatGPT发送如下请求消息。

帮我生成ListView视图中列表项布局文件。

指令执行后，ChatGPT的回答如下。

当使用ListView视图来显示您的数据时，需要自定义列表项布局文件以显示每个数据项的视图。以下是一个示例列表项布局文件的代码：

```
<?xml version="1.0" encoding="utf-8"?>
<!-- 根布局使用RelativeLayout，便于对子视图对其 -->
<RelativeLayout
   xmlns:android="http://schemas.android.com/apk/res/android"
   android:layout_width="match_parent"
   android:layout_height="wrap_content"
  >

   <!-- 显示图片的ImageView -->
   <ImageView
       android:id="@+id/item_image"
       android:layout_width="wrap_content"
       android:layout_height="wrap_content"
       android:layout_alignParentStart="true"
       android:src="@drawable/ic_launcher"/>

   <!-- 显示标题的TextView -->
   <TextView
       android:id="@+id/item_title"
       android:layout_width="match_parent"
       android:layout_height="wrap_content"
       android:layout_toEndOf="@id/item_image"
       android:textSize="16sp"
```

```
        android:textStyle="bold" />

    <!-- 显示描述的TextView -->
    <TextView
        android:id="@+id/item_description"
        android:layout_width="match_parent"
        android:layout_height="wrap_content"
        android:layout_below="@id/item_title"
        android:layout_toEndOf="@id/item_image"
        android:textSize="14sp"
        android:textColor="@color/colorGrey" />
</RelativeLayout>
```

具体代码在这里不再解释，开发人员还需要根据自己的实际情况对细节进行打磨，这里不再赘述。

2. 添加note实体类

实体类通常用在方法调用过程中保存和传递数据。

动手示例

我们向ChatGPT发送如下请求消息。

参考如下的建表SQL语句，帮助我们生成Java描述的实体类。

```
CREATE TABLE Note (
    date DATE DEFAULT CURRENT_TIMESTAMP,
    ID INTEGER PRIMARY KEY AUTOINCREMENT,
    content VARCHAR(255)
);
```

指令执行后，ChatGPT的回答如下。

如下的Java实体类代码用来描述对应的Note表：

```
import java.util.Date;

public class Note {
    private Date date;
    private int ID;
    private String content;
```

```
    public Date getDate() {
        return date;
    }

    public void setDate(Date date) {
        this.date = date;
    }

    public int getID() {
        return ID;
    }

    public void setID(int ID) {
        this.ID = ID;
    }

    public String getContent() {
        return content;
    }

    public void setContent(String content) {
        this.content = content;
    }
}
```

3. 编写管理SQLite数据库的帮助程序类DatabaseHelper

DatabaseHelper是用于管理SQLite数据库的帮助程序类。它有助于管理数据库的创建、升级和操作，在Android应用程序中，通常使用SQLite数据库来存储和管理数据。

动手示例

我们向ChatGPT发送如下请求消息。

帮助编写管理SQLite数据库的帮助程序类DatabaseHelper，使用Java语言描述。

指令执行后，ChatGPT的回答如下。

下面是一份SQLite数据库操作的帮助程序类 DatabaseHelper 的示例代码，您可以参考使用：

```
import android.content.Context;
```

```
    import android.database.sqlite.SQLiteDatabase;
    import android.database.sqlite.SQLiteOpenHelper;

    public class DatabaseHelper extends SQLiteOpenHelper {

        // 数据库名字和版本号
        private static final String DATABASE_NAME = "notes.db";
        private static final int DATABASE_VERSION = 1;

        // 表名和各字段名
        private static final String TABLE_NAME = "Note";
        private static final String COLUMN_ID = "_id";
        private static final String COLUMN_DATE = "date";
        private static final String COLUMN_CONTENT = "content";

        // 创建表的SQL语句
        private static final String CREATE_TABLE_SQL = "create table " +
TABLE_NAME +
                "(" + COLUMN_ID + " integer primary key autoincrement, " +
                COLUMN_DATE + " timestamp default current_timestamp, " +
                COLUMN_CONTENT + " text not null);";

        public DatabaseHelper(Context context) {
            super(context, DATABASE_NAME, null, DATABASE_VERSION);
        }

        @Override
        public void onCreate(SQLiteDatabase db) {
            db.execSQL(CREATE_TABLE_SQL);
        }

        @Override
        public void onUpgrade(SQLiteDatabase db, int oldVersion, int
newVersion) {
            // 数据库升级时，不需要做处理
        }
    }
```

这是一些核心代码，开发人员还需要编写一些细节的代码，具体过程可以使用ChatGPT辅助编写一些具体的代码块，这里不再赘述。

11.5.3 使用ChatGPT实现备忘录添加功能

单击导航栏右侧的“添加”按钮，就可以进入图 11-11 所示的添加备忘录页面了。

参考 11.5.2 小节相关内容，让ChatGPT帮我们生成备忘录添加功能的Activity和对应布局文件。

图 11-11 “我的备忘录”App添加备忘录页面效果

动手示例

我们向ChatGPT发送如下请求消息。

帮我生成备忘录 1.添加备忘录表页面(AddNoteActivity)，注意页面中有一个文本输入框，以及两个按钮(保存和取消)；2.生成对应布局文件。

要求：采用Android的Activity技术，使用Java语言描述。

指令执行后，ChatGPT的回答如下。

以下是您要求的备忘录应用的Java描述，其中使用Android原生UI库实现。您可以将代码保存为AddNoteActivity.java文件。

其中布局文件activity_add_note.xml：

```
<?xml version="1.0" encoding="utf-8"?>
<LinearLayout
    xmlns:android="http://schemas.android.com/apk/res/android"
    android:layout_width="match_parent"
    android:layout_height="match_parent"
    android:orientation="vertical"
    android:padding="16dp">

    <EditText
        android:id="@+id/note_edit_text"
        android:layout_width="match_parent"
        android:layout_height="wrap_content"
        android:hint="Enter note content here"
        android:layout_marginBottom="16dp"/>

    <LinearLayout
        android:layout_width="match_parent"
        android:layout_height="wrap_content"
        android:orientation="horizontal">
```

```
        <Button
            android:id="@+id/save_note_button"
            android:layout_width="0dp"
            android:layout_height="wrap_content"
            android:layout_weight="1"
            android:text="Save"/>

        <Button
            android:id="@+id/cancel_note_button"
            android:layout_width="0dp"
            android:layout_height="wrap_content"
            android:layout_weight="1"
            android:text="Cancel"/>

    </LinearLayout>

</LinearLayout>
```

其中AddNoteActivity代码如下：

```
import android.os.Bundle;
import android.view.View;
import android.widget.Button;
import android.widget.EditText;

import androidx.appcompat.app.AppCompatActivity;

public class AddNoteActivity extends AppCompatActivity {

    private EditText noteEditText;

    @Override
    protected void onCreate(Bundle savedInstanceState) {
        super.onCreate(savedInstanceState);
        setContentView(R.layout.activity_add_note);

        noteEditText = findViewById(R.id.note_edit_text);
        Button saveNoteButton = findViewById(R.id.save_note_button);
        Button cancelNoteButton = findViewById(R.id.cancel_note_button);

        saveNoteButton.setOnClickListener(new View.OnClickListener() {
            @Override
```

```
            public void onClick(View v) {
                String note = noteEditText.getText().toString().trim();
                if (!note.isEmpty()) {
                    // save note
                }
                finish();
            }
        });

        cancelNoteButton.setOnClickListener(new View.OnClickListener() {
            @Override
            public void onClick(View v) {
                finish();
            }
        });
    }
}
```

有了屏幕文件（MainActivity）和布局文件，接下来就可以从如下两个方面进行细化：

- 将数据插入数据库中；
- 返回列表页面后刷新列表页面。

下面就从这两个方面给大家介绍如何使用ChatGPT帮助编写实现列表功能。

1. 将数据插入数据库中

在DatabaseHelper类中添加插入数据的方法。

动手示例

我们向ChatGPT发送如下请求消息。

帮助在DatabaseHelper类中添加插入数据的方法，要求使用Java语言描述。

指令执行后，ChatGPT的回答如下。

以下是在DatabaseHelper类中添加插入数据方法的Java代码：

```
public class DatabaseHelper extends SQLiteOpenHelper {

    private static final int DATABASE_VERSION = 1;
    private static final String DATABASE_NAME = "notes.db";
    private static final String TABLE_NAME = "notes";
    private static final String COLUMN_ID = "_id";
    private static final String COLUMN_NOTE = "note";
    private SQLiteDatabase db;
```

```
    public DatabaseHelper(Context context) {
        super(context, DATABASE_NAME, null, DATABASE_VERSION);
    }

    @Override
    public void onCreate(SQLiteDatabase db) {
        String createTable = "CREATE TABLE " + TABLE_NAME + " (" +
                COLUMN_ID + " INTEGER PRIMARY KEY AUTOINCREMENT, " +
                COLUMN_NOTE + " TEXT);";
        db.execSQL(createTable);
        this.db = db;
    }

    @Override
    public void onUpgrade(SQLiteDatabase db, int oldVersion, int newVersion) {
        db.execSQL("DROP TABLE IF EXISTS " + TABLE_NAME);
        onCreate(db);
    }

    public void insertData(String note) {
        db = this.getWritableDatabase();
        ContentValues values = new ContentValues();
        values.put(COLUMN_NOTE, note);
        db.insert(TABLE_NAME, null, values);
        db.close();
    }

}
```

2. 返回列表页面后刷新列表页面

插入数据成功之后，会返回列表页面，但是我们还需要在列表页面添加相关代码来刷新列表，才能看到这条刚添加成功的数据。

动手示例

我们向ChatGPT发送如下请求消息。

帮助在列表页面中添加相关代码来刷新列表，以便于看到这条刚添加成功的数据，使用Java语言描述。

指令执行后，ChatGPT的回答返回的主要代码如下：

```
...
    protected void onResume() {
        super.onResume();
        DatabaseHelper dbHelper = new DatabaseHelper(this);

        dataList.clear();
        dataList.addAll(dbHelper.getAllNotes());

        String[] from = {"content", "date"};
        int[] to = {R.id.mydate, R.id.mycontent};
        SimpleAdapter adapter = new SimpleAdapter(this, dataList, R.layout.
listitem, from, to);

        notesListView.setAdapter(adapter);
        adapter.notifyDataSetChanged();
    }

  ...
```

11.5.4 使用ChatGPT实现备忘录删除功能

长按某个列表项，就会弹出如图 11-12 所示的一个对话框，单击“确定”按钮，就会删除该数据；如果用户单击“取消”按钮，就不会删除数据。

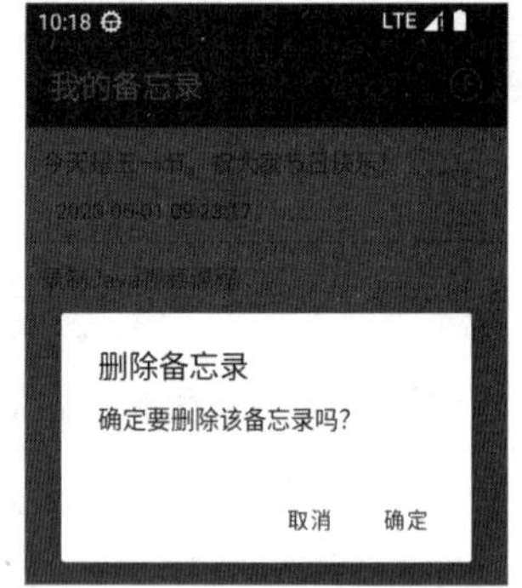

图 11-12 “我的备忘录”App 删除备忘录页面效果

删除功能不需要添加 Activity 和布局文件，但有两项细节工作需要 ChatGPT 辅助完成：

- 弹出对话框；
- 删除数据。

1. 弹出对话框

让 ChatGPT 帮我们在备忘录列表页面添加弹出对话框功能。

动手示例

我们向 ChatGPT 发送如下请求消息。

帮助我在列表页面中添加相关代码，当长按列表项时弹出对话框功能，用来删除备忘录数据，使用 Java 语言描述。

ChatGPT 的回答返回的主要代码如下：

```
...
        // 添加长按功能
        listView.setOnItemLongClickListener(new AdapterView.
                                        OnItemLongClickListener() {
            @Override
            public boolean onItemLongClick(AdapterView<?> adapterView, View
                                        view, int i, long l) {
                // 使用AlertDialog.Builder构建对话框
                AlertDialog.Builder builder = new AlertDialog.
                    Builder(NotesListActivity.this);
                builder.setMessage("确定要删除该备忘录吗？ ");
                builder.setPositiveButton("确定", new DialogInterface.
                                        OnClickListener() {
                    @Override
                    public void onClick(DialogInterface dialog, int which) {
                        // 删除数据
                        databaseHelper.deleteData(l);

                        // 刷新列表
                        refreshList();

                        Toast.makeText(NotesListActivity.this, "删除成功",
                                    Toast.LENGTH_SHORT).show();
                    }
                });
                builder.setNegativeButton("取消", new DialogInterface.
                                        OnClickListener() {
                    @Override
                    public void onClick(DialogInterface dialog, int which) {
                        dialog.dismiss();
                    }
                });
                builder.create().show();

                return true;
            }
        });
...
```

2. 删除数据

用户单击对话框中的“确定”按钮时，会删除数据库里的数据。

我们向 ChatGPT 发送如下请求消息。

帮助编写在DatabaseHelper类中删除数据的方法，要求使用Java语言描述。

指令执行后，ChatGPT 的回答如下。

这里是在DatabaseHelper类中删除数据的Java代码:

```
public class DatabaseHelper extends SQLiteOpenHelper {

    // 其他代码

    // 删除备忘录数据
    public void deleteData(long id) {
        SQLiteDatabase db = this.getWritableDatabase();
        db.delete(TABLE_NAME, "_id=?", new String[]{String.valueOf(id)});
        db.close();
    }
}
```

这里只生成了一个基本的程序框架，有些内容还需要我们自己添加代码，这里不再赘述。

11.5.5 使用ChatGPT实现查看备忘录详细信息页面功能

用户单击某个列表项，就会跳转到图 11-13 所示的备忘录详细信息页面，在此页面可以查看更详细的备忘录信息。

参考 11.5.2 小节相关内容，让ChatGPT帮我们生成查看备忘录信息功能的Activity和对应布局文件。

图 11-13 “我的备忘录”App 查看备忘录详细信息页面效果

动手示例

我们向 ChatGPT 发送如下请求消息。

帮我生成备忘录：1.添加备忘录表页面(ViewNoteActivity)，注意页面中有一个显示文本信息控件，在导航栏添加返回按钮；2.生成对应布局文件。

要求：采用Android的Activity技术，使用Java语言描述。

指令执行后，ChatGPT的回答如下。

这里是生成备忘录的Java和布局文件代码：

ViewNoteActivity.java：

```
public class ViewNoteActivity extends AppCompatActivity {

    private TextView noteTextView;  // 显示备忘录文本信息的控件

    @Override
    protected void onCreate(Bundle savedInstanceState) {
        super.onCreate(savedInstanceState);
        setContentView(R.layout.activity_view_note);

        // 初始化控件
        noteTextView = findViewById(R.id.note_text_view);

        // 显示备忘录文本信息
        String note = getNote();  // 从数据库获取备忘录信息
        noteTextView.setText(note);

        // 设置导航栏返回按钮
        getSupportActionBar().setDisplayHomeAsUpEnabled(true);
    }

    @Override
    public boolean onOptionsItemSelected(MenuItem item) {
        // 返回按钮单击事件
        if (item.getItemId() == android.R.id.home) {
            onBackPressed();
            return true;
        }
        return super.onOptionsItemSelected(item);
    }

    private String getNote() {
        // 从数据库获取备忘录信息的逻辑代码
        // ...
        return "这是备忘录的文本信息。";
    }
}
```

activity_view_note.xml:

```
<?xml version="1.0" encoding="utf-8"?>
<LinearLayout xmlns:android="http://schemas.android.com/apk/res/android"
    xmlns:tools="http://schemas.android.com/tools"
    android:layout_width="match_parent"
    android:layout_height="match_parent"
    android:background="@android:color/white"
    android:orientation="vertical"
    tools:context=".ViewNoteActivity">

    <TextView
        android:id="@+id/note_text_view"
        android:layout_width="match_parent"
        android:layout_height="wrap_content"
        android:padding="16dp"
        android:textSize="18sp" />

</LinearLayout>
```

有了屏幕文件(MainActivity)和布局文件，接下来就可以对它进行细化，主要的细化工作就是页面跳转，这里不再赘述。

11.6 本章总结

本章主要介绍了使用ChatGPT辅助开发的“我的备忘录”App。首先进行了需求分析和页面原型设计，确定了项目的功能和页面结构；接着进行了详细设计，包括实体类的识别和绘制、物理建模和DDL脚本的生成；然后使用ChatGPT辅助编码实现，包括创建Android Studio项目和实现备忘录列表、添加、删除和详细信息查看等功能。通过本章的案例，我们可以加深对Android开发和SQLite数据库的理解，同时也提升了使用ChatGPT辅助开发的能力。